操作エリア

1 手順ボックス は、実際の操作をひとつずつ順を追って説明しています。

Wi-Fi回線に切り替えてアップデートする

サイズの大きなアプリのアップデートには、時間がかかります。通常の携帯電話会社の回線ではなく、Wi-Fi回線に切り替えると時間を短縮できます。

Wi-Fi回線に切り替えるには、ホーム画面の［設定］をタップし、［Wi-Fi］をタップして利用する回線を選択します。携帯電話会社のWi-Fiステッカーが貼っている場所や、飲食店や家電量販店、コンビニなど無料のWi-Fiスポットを利用するとよいでしょう。

Wi-Fi環境に切り替えているときだけ自動アップデートする

設定画面の「App Store」で［Appのアップデート］をオンにしていると、アプリのアップデートが発生したときに、自動的にアップデートするように設定できます。アップデートではデータを多く受信します。ホーム画面の［設定］をタップし、［App Store］の［モバイルデータ通信］をオフにすると、Wi-Fi回線に切り替えているときだけ自動アップデートが行われます。Wi-Fi回線がないときに、自動でLTEなどの回線でアップデートするのを防ぎます。データ通信のパケット代が気になる人におすすめの方法です。

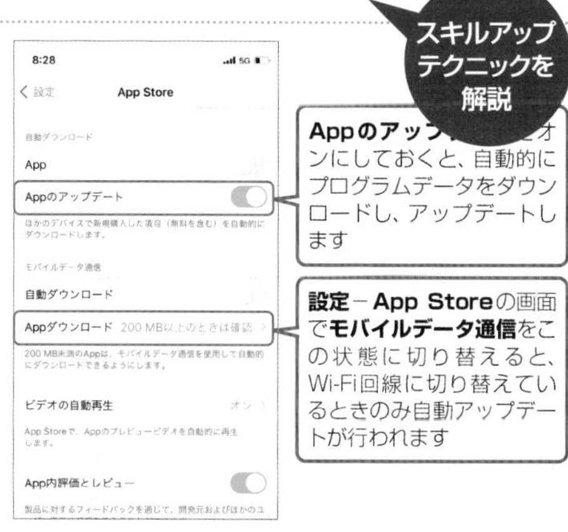

コラムエリア

操作に関連することから一歩踏み込んだ事柄までを丁寧に解説しています。

知っておくと便利な知識や、理解を深めるための詳しい解説をしています。

細かい手順や重要なアイコンを大きな画面でクローズアップしています。

キーボード・ショートカットキーが使えます。

注意：パソコンの状況によって紙面の通りのに操作できないときの対応を説明しています。

裏技エリア

スキルアップに役立つ機能や高度なテクニックを解説しています。

BASIC MASTER SERIES 526

はじめての今さら聞けないスマートフォン入門[第3版]

髙橋 慈子／八木 重和

秀和システム

■本書の編集にあたり、下記のソフトウェア及び端末を使用いたしました

・Windows 10
・iTunes 12
・iOS 15
・Android 11

OSやそのバージョン及びエディション、又はお使いの機種の違いによっては、同じ操作をしても画面イメージが異なる場合があります。

■注意

(1) 本書は著者が独自に調査した結果を出版したものです。
(2) 本書の内容について万全を期して作成いたしましたが、万一、不備な点や誤り、記載漏れなどお気付きの点がありましたら、出版元まで書面にてご連絡ください。
(3) 本書の内容に関して運用した結果の影響については、上記 (2) 項にかかわらず責任を負いかねます。あらかじめご了承ください。
(4) 本書の全部、または一部について、出版元から文書による許諾を得ずに複製することは禁じられています。
(5) 本書に掲載されているサンプル画像は、手順解説することを主目的としたものです。よって、サンプル画面の内容は、編集部で作成したものであり、全て架空のものでありフィクションです。よって、実在する団体・個人および名称とは何ら関係がありません。
(6) 商標
OS、CPU、ソフト名、企業名、サービス名は一般に各メーカー・企業の商標または登録商標です。
なお、本文中では™および®マークは明記していません。
書籍の中では通称またはその他の名称で表記していることがあります。ご了承ください。

はじめに

スマートフォンの先駆けとして、2008年にiPhoneが日本で発売されて十数年が経ち、今や多くの人に愛用されています。起きてから寝るまで、手放せないという人も少なくありません。一方で、「スマホって、なんだかよくわからない」「ケータイをスマホに変えたのだけど、使いこなせていない」といった悩みを聞くことがあります。

また、テレビCMやニュースで登場する「格安スマホ」や「SIMフリー」に、「興味はあるけれど、意味がよく分からない」、「よく分からない話題や言葉がどんどん出てきて、ついていけない」といった声も聞かれます。

本書は、スマホの基本の「キ」や、テレビやお店で聞く言葉の意味を、「要するにこういうこと！」とズバリとわかるように執筆しました。モバイル機器の動向や技術に詳しいライター八木重和、そしてスマホのアプリの解説書を手がけてきた髙橋慈子と、スマホに関わってきたいわばスマホの頼れる先輩たちが、チームを組んで執筆しました。スマホユーザーの疑問に日々、答えたり、情報提供しています。ですから、皆さんが疑問に思うこともきっと載っていることでしょう。

たとえば、スマホがどうできているのかといった仕組みや、スマホとガラケーとの違い、iPhoneやAndroidのスマホってどんなもので違いは何か？などの基本的な内容は、図解を使って分かりやすく説明しました。

また、格安スマホはどこで買えるのか、SIMフリーのメリットや注意することは何かなど、技術的な言葉を理解して実際にスマホを購入するガイドになる説明もしています。じっくりと勉強しなくても、さっと読めば疑問を解消して、スマホを選べることでしょう。

スマホが初めての人には分かりにくい料金プランや、お店での表示についても解説しました。自分にあったスマホをお店の人に伝え、相談しやすくなるように、便利なチェックリストも用意しましたから、買うときにも困らなくなるでしょう。

さらに、スマホに切り替えた人が迷いがちな初期設定や、アプリの入れ方、写真や動画の扱い、LINEなど基本のアプリの使い方も大きな画面の図とともに、分かりやすく、丁寧に説明しています。これならスマホを購入した後も、長く役に立てていけただけます。そして、プライバシーなど心配な点についても、注意のヒントを盛り込みましたから、安心して使えます。進化を続けるスマホの機能から、ぜひ使っていただきたい機能も紹介しています。

今さら聞きづらいスマホの疑問や、困っている最初の一歩を解消したい。自分にぴったりのスマホを選んで楽しみたい。アプリを活用したい。そのようなときに、本書のさまざまなページを開いて、どうぞお役立てください。

2021年10月　髙橋慈子・八木重和

目次

第1章 そもそもスマートフォン（スマホ）ってどんなもの？

そもそも「スマホ」とは何なのか。いままでのガラケー（折りたたみ型の携帯電話）と何が違うのかなどを、何となく難しそうなスマホ用語の意味や全体像から理解しましょう。

セクション

セクション 1

スマホは生活必需品

スマホの概要と用途

「スマホ」は、今や家族や友人と連絡したり、写真を撮って送り合ったりと、毎日の生活で使う「生活必需品」です。スマホでできることを知っておきましょう。

第1章

スマホは賢い電話機

スマートフォン（スマホ）の“スマート”は、「賢い」「洗練された」という意味です。つまり「賢い（スマート）」「電話機（フォン）」です。携帯電話に、パソコンのような機能を足した機器だと考えるといいでしょう。

電話回線やインターネットにつながり、いつでも、どこからでも、知りたいことを探したり、やり取りしたりできます。

また、外出したら地図を開いて目的地までの案内を使ったり、暇な時間はゲームをしたり、映画を観たりと楽しみに使うこともできます。これらは、「アプリ」と呼ぶソフトを使います。やりたいことに合わせた「ソフト」を活用できますから、使い方が広がります。

スマホの電話番号

スマホでは「03」や「043」などの市外局番を使わずに、ガラケーと同じように「090」「080」「070」から始まる番号+8桁で、合計11桁の電話番号が使われます。

OS（オーエス）とアプリで様々な用途に便利に使える

スマホは、さまざまな用途で使えるように、「OS（オーエス）」と呼ぶ基本ソフトと、「アプリ」と呼ぶ応用ソフトを使って利用します。OSについては、次のセクションで説明します。

アプリは、「アプリケーションソフト」の略です。目的や用途に合わせて選択して使います。ホームページを見るときには「Safari（サファリ）」や「Chrome（クローム）」のようなブラウザアプリを使います。メッセージの送受信をするときに使うのが「メッセージ」アプリです。地図やカレンダーを表示するアプリもあります。

スマホには最初から標準で使えるアプリがたくさん用意されています。その他、自分の好みのアプリを探して多様な用途で使うことができます。

「沢山ソフトがあって難しそう…」と心配する必要はありません。「まずは、LINEと写真を使えればOK」など自分のペースでどうぞ。これもスマホの賢い使い方です。

スマホとガラケーで何が違う？

スマホと「ガラケー」と呼ばれる従来の折りたたみ型携帯電話では、形と性能、操作の方法が異なります。形で言えば、スマホは「タッチパネル」と呼ぶ大きな画面を持っています。ガラケーはスマホよりも小さな液晶画面です。

性能としては、スマホがパソコン並の頭脳を持っているのに比べて、ガラケーは限られた用途に使うコンパクトな頭脳です。スポーツカーと軽自動車の違いをイメージするとよいでしょう。

操作方法は、スマホは画面をタッチして使いますが、ガラケーはボタンを操作して使います。

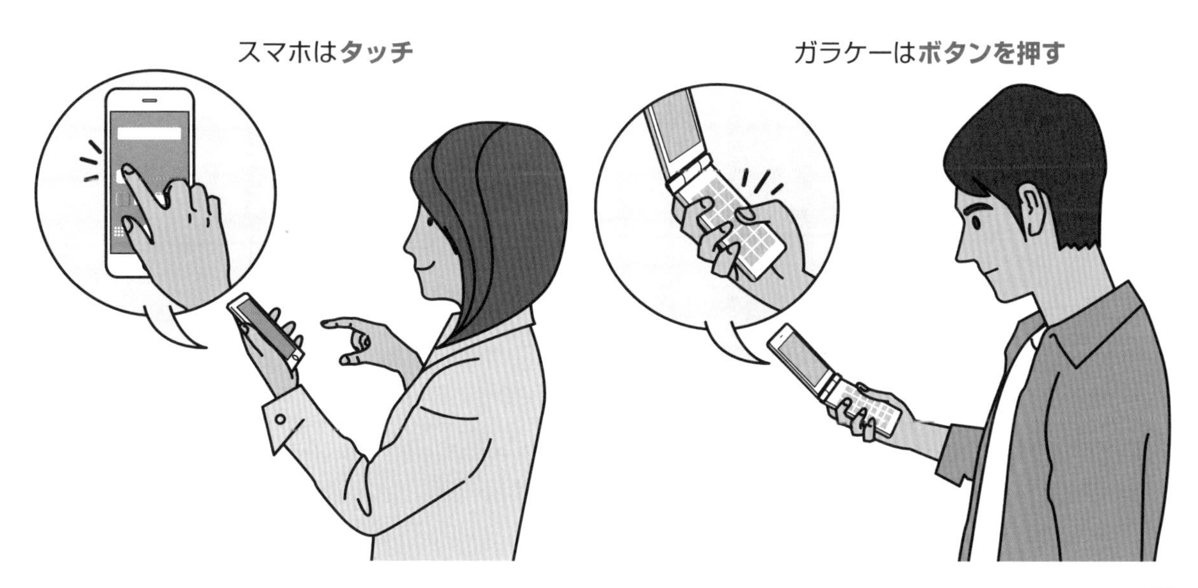

セクション 2

iPhone（アイフォン）とAndroid（アンドロイド）のスマホって何が違う？

OSによる違い

スマホには「iPhone」と「Android」のスマホの2種類があります。ボタンの数や画面の操作、設定方法が違います。

第1章

iPhone とAndroidのスマホの違い

スマホの2大勢力のiPhoneとAndroidは、機器を動かす縁の下の力持ち的な存在、「基本ソフトOS（オーエス）」が違います。

基本ソフトが違うと、画面の見た目、操作や設定方法が異なります。iOSはアップル社が開発したもので、iPhoneに搭載されています。対するAndroidは、グーグル社が開発し、他の携帯端末のメーカーに提供しているOS。さまざまなメーカーから、Androidが搭載されたスマホが販売されています。

現在、iPhone以外のスマホは、ほぼAndroidであると考えていいでしょう。

iPhone とAndroid では画面のデザインやボタンの形状が違う

OSは、画面のデザインや操作性を担当しています。従って、iOSとAndroidでは、基本の画面であるホーム画面のデザインや、その上にあるアイコンのデザインが違っています。

アイコンとは、ソフトを起動するための絵文字のことです。iPhoneではコンパス（方位磁石）のアイコンからホームページを見るためのアプリを起動します。Androidのスマホでは、赤青緑のデザインの丸いアイコンからホームページを見るためアプリ「Chrome（クローム）」を起動します。

Androidのスマホでは、ボタンの形状や配置はメーカーによって異なります。本体や画面下部の真ん中にホーム画面に戻るボタンやアイコンがある点は、どのメーカーの機種も共通しています。ボタンがなく、画面のアイコンをタッチする機種もあります。

●iPhone

●Androidのスマホ

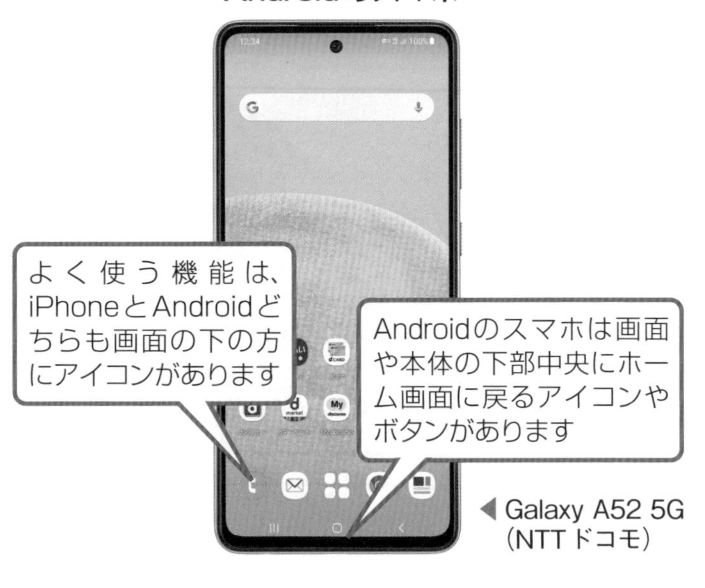

◀Galaxy A52 5G（NTTドコモ）

スマホが動くには基本ソフト（OS）が必要

基本ソフトのOS（オーエス）は、スマホの「ハードウェア」と呼ぶ機械の部分を制御して、OSの上で動くアプリと、機器の間で橋渡しの役割をします。また、位置情報や各種データの管理など、どのアプリでも共通に使用する機能については、OSが担当します。

● 「OS」は「アプリ」と「ハードウェア」の間を取り持つ、縁の下の力持ち

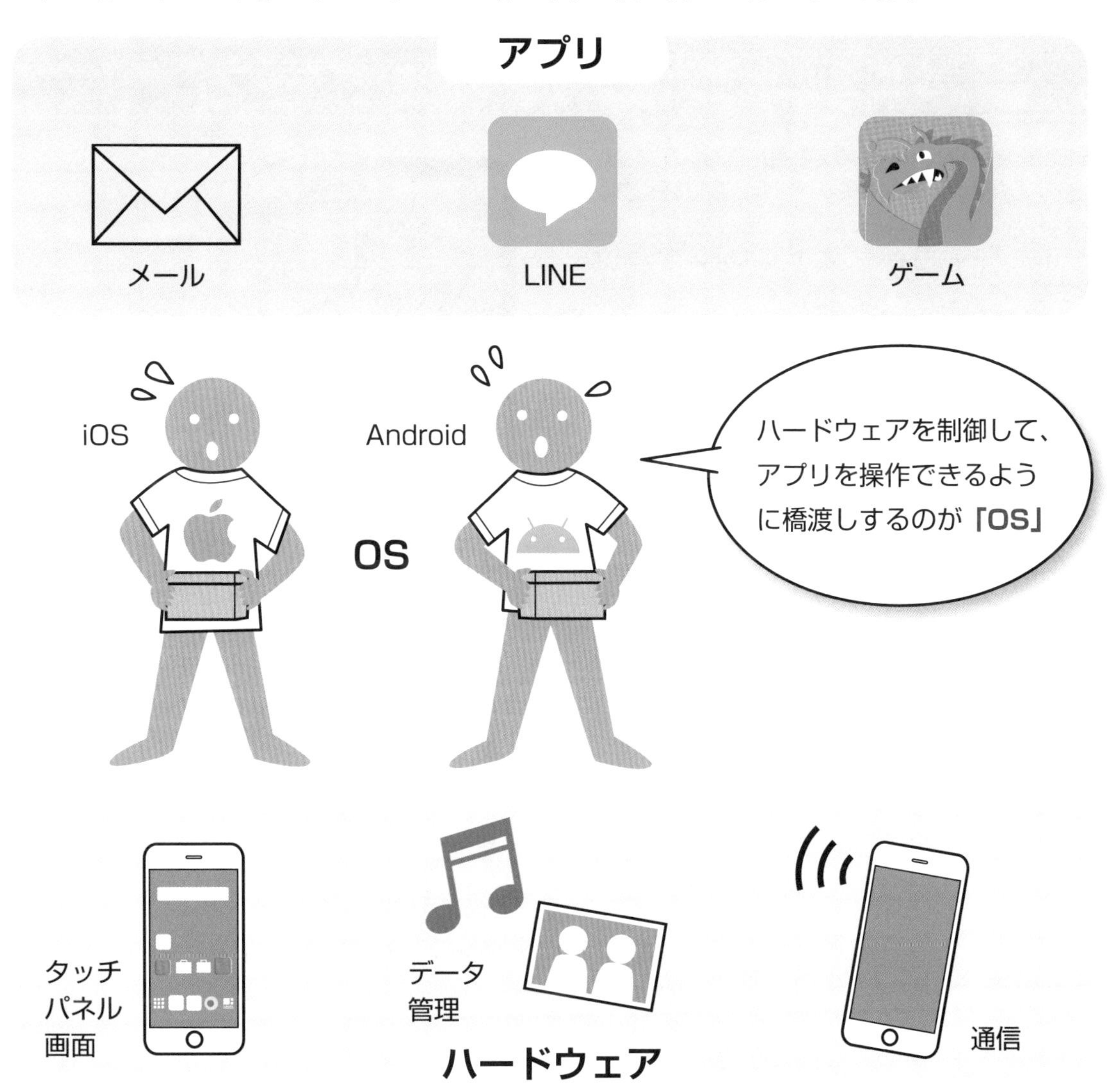

iPhoneとAndroid、初心者にはどちらがいいの？

画面デザインや操作方法が異なる、iPhoneとAndroidのスマホ。どちらが初心者向きということはありません。「初めてスマホを使うならどちらがいい？」と迷ったときは、家族や周りにどちらを使っているのか聞いてみましょう。同じ種類のスマホを選べば、困ったときに、対処方法を聞くことができるでしょう。

セクション 3

スマホ画面、指でどう操作するの？

タッチ操作

スマホは、画面を指で触って操作することが特徴です。タッチしたり、さっと動かしたりと指の動かし方にいくつかの基本パターンがあります。

1回タッチ。何かを選ぶ基本操作が「タップ」

画面に表示されている選択肢を選んだり、アプリを使ったりするために、目的のものを1回、指で軽くタッチします。

この操作を「タップ」と呼びます。スマホの基本的な操作方法です。

さっと指ではらって「フリック」。画面を切り替える

スマホを使っている人が、指でさっと画面をはらうようにしている動作。これが「フリック」です。画面を上下左右に、素早くはらうように動かします。画面を切り替えるときなどに使います。

「ホームボタン」があるスマホ、ないスマホがある

スマホでは画面をタップして操作をしますが、「ホームボタン」と呼ばれる基本画面に戻るボタンがある機種があります。

画面の外にあるホームボタンを押すと、いつでもホーム画面に戻ります。iPhone SEやAndroidでは、画面上にホームボタンがある機種もあります。

▶NTTドコモ らくらくスマートフォン F-42A

2本の指で「ピンチアウト」して拡大する

2本の指で画面をタッチしてそのまま開きます。これが「ピンチアウト」の操作です。画面の表示を拡大したいときなどに使います。2本の指を閉じるように動かす操作は「ピンチイン」です。表示を縮小できます。

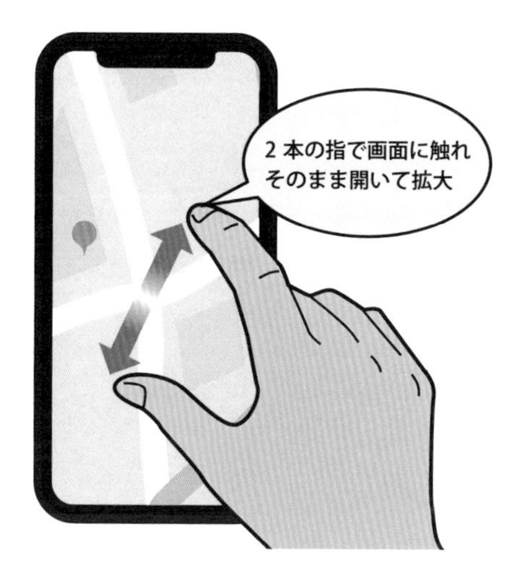

下から上へ、または上から下へなぞる「スワイプ」で画面を呼び出す

画面に触れたまま指でなぞる動作を「スワイプ」といいます。画面をスクロールしたいときにスワイプを使います。

iPhoneでは、画面の下端から上にスワイプするとホーム画面に戻ります。右上から下へスワイプすると、コントロールセンター画面を表示します。

画面下部から上にスワイプして途中で止めると、起動しているアプリ一覧が表示されます。一覧から、アプリをタップするとそのアプリに切り替えられます。一覧から上へスワイプするとアプリを終了できます。

Androidでは、左右にスワイプすると起動しているアプリを切り替えることができます。機種によっては、ロック画面からスワイプでロック解除できます。

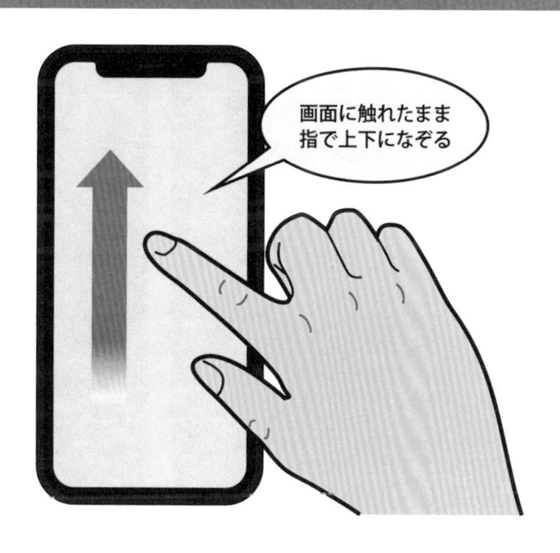

指でタッチしにくいときは、スマホ用のタッチペンが便利

タップやフリックがどうも操作しにくい…。こんなときは、スマホ用の「タッチペン」を使う方法もあります。先端の柔らかなシリコンで画面にタッチします。パソコンの周辺機器メーカーのほか、百円均一のショップでタッチペンを扱っています。

▶スマートフォン用タッチペン
P-TPCNBK(エレコム)

セクション 4

携帯電話会社が違うと、何が違う？

携帯電話会社による違い

同じ機種のスマホが、違う携帯電話会社で販売されています。違いがあるのか、それは何なのかを説明します。

第1章

携帯電話会社によってサービスや料金体系が違う

現在、携帯電話やスマホはNTT ドコモ（エヌティーティードコモ）、au（エーユー）、SoftBank（ソフトバンク）の３社が多くのシェアを持っています。スマホの販売、故障修理、月々の料金収納などを行うのは同じです。それぞれの会社で、提供するスマホのサービスが違います。たとえばドコモのAndroidのスマホでは、音楽やビデオなどのコンテンツをダウンロードして購入できる「dマーケット」を画面から使えます。auでは、有料コンテンツが定額で使えるようになる「auスマートパス」や、楽曲が聴き放題になる「auうたパス」などがあります。いずれも携帯電話料金とともにまとめて請求されます。

●iPhone

iPhoneのホーム画面は、基本的にどの携帯電話会社でも同じです

●Androidのスマホ（NTTドコモ）

●Androidのスマホ（ソフトバンク）

スマホはどの携帯電話会社でも扱っている

スマホは、iPhone、Androidともに、どこの携帯電話会社でも買うことができます。

iPhoneは、どの携帯電話会社でも同じデザイン、機種が買えます。対して、Androidのスマホは、様々な携帯端末メーカーから多様な機種が出ており、携帯電話会社によって、取り扱っている機種が異なります。端末代金や月々の料金、そして通信エリアやオプションサービスも異なりますので、自分に合ったスマホを購入しましょう。

スマホは携帯電話会社のブランドショップや携帯電話販売店、家電店で買える

ビジネス街や繁華街はもちろん、街道沿いや街中などあらゆる場所で、「ドコモショップ」のような、携帯電話会社の名前の付いたブランドショップがあります。このブランドショップでは、自社のスマホ端末の販売と、通信サービスの受付を取り扱っています。また、操作がわからない、スマホが故障したなど、トラブルの相談をすることもできます。ブランドショップ以外にも、携帯電話販売店や家電店でも買えます。それぞれのお店で買うときの違いは、セクション12で説明しています。

携帯電話会社のブランドショップでできること

- スマホの購入・機種変更
- 料金や各種オプションプランの相談や見直し
- スマホの使い方がわからない人のためのサポート(教室など)
- 故障修理

携帯電話会社の選び方って?

月々の料金を最重要視するのであれば、家族で同じ携帯電話会社にするのがいちばんお得に使えます。特に、家族に未成年がいる場合、学生割引を使うと料金がお得になるサービスもあります。また、できるだけ同じ携帯電話会社で長年契約を継続することで、様々な特典を得られるようになっています。

セクション 5

Wi-Fi(ワイファイ)って何?

Wi-Fiの概要と使用方法

Wi-Fiは、無線で使えるデータ通信回線です。外出先のカフェや駅など、色々なところで使うことができます。

第1章

Wi-Fiはインターネットにつなぐための電波

スマホの通話は、通常携帯電話会社の電波を使ってやりとりします。Wi-Fiは無線LAN(ラン)という技術を使った、インターネットにアクセスするためのネットワークです。アプリなどのデータ通信に使えます。それぞれの携帯電話会社が用意しているWi-Fiスポットのほかに、無料で使える電波として街のカフェや駅、空港などのWi-Fiサービスもあります。ます。スマホにWi-Fiの設定をしておくと優先的にWi-Fiに接続され、通信料金を節約できます。

携帯電話会社の回線を使う「4G」と「5G」があります。「5G」は第5世代通信サービスの略で、4Gに比べて圧倒的に通信速度が速いだけでなく、安定してデータ通信できることも強みです。

Wi-Fiを外出先で使う

外出先でWi-Fiを使うときには、他の機器は必要ありません。スマホのWi-Fi設定をオンにしておけば、自動的に周囲にあるWi-Fiネットワークが表示されます。契約している携帯電話会社のWi-Fiや、過去に接続したことのあるWi-Fiには自動的に接続されます。

設定方法については、セクション63で説明します。

▲スマホの設定画面でWi-Fiに接続する

無料Wi-Fiスポットを使う

現在では、街中に交通機関や自治体、ホテルなどが整備している観光客向けの無料Wi-Fiも増えてきました。旅行先から、たくさんの写真をメールで送るときなどに利用すると、料金プランによっては通信料金の節約になります。カフェやコンビニエンスストアでもWi-Fiサービスを提供しているお店も増えています。

Wi-Fiを家で使う

Wi-Fiは、街中だけでなく自宅で使うこともできます。

自宅でWi-Fiを使うには、光ファイバーやADSLといった高速インターネット回線と、「Wi-Fiルーター」という機器が必要です。すでに、これらの高速回線でパソコンからインターネットを使っているのであれば、スマホ側でも設定をすることで、インターネットに接続して利用することができます。

携帯電話の契約とあわせて自宅のインターネット接続サービスを申し込むと、割引になるサービスも通信会社から提供されています。

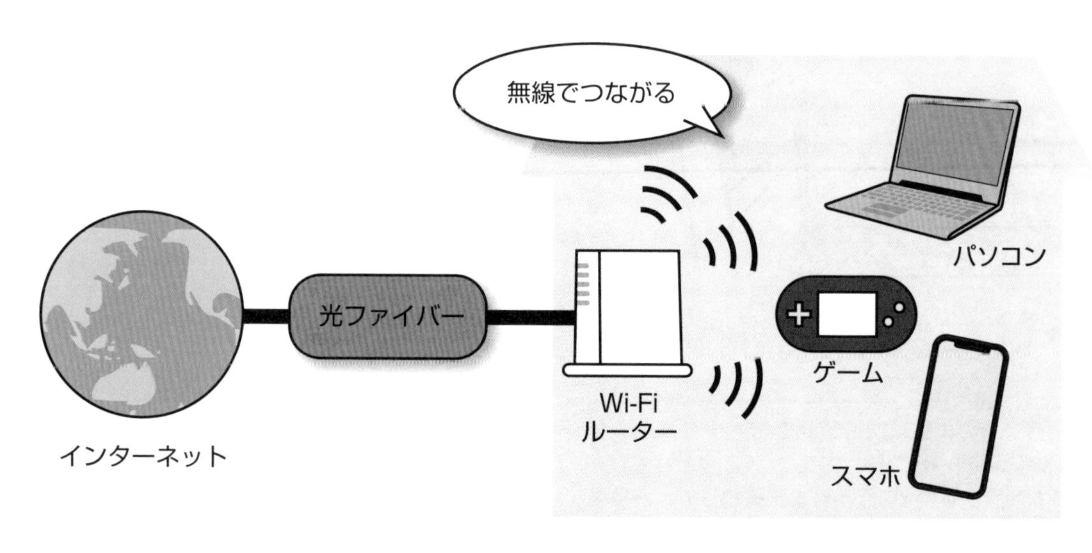

セクション

6 ガラケーで使っていた電話番号やメールアドレスはそのまま使える？

電話番号の引継ぎ

同じ携帯電話会社であれば、電話番号もメールアドレスも変更せずに使うことができるので、安心してスマホに乗り替えることができます。

ガラケーの電話番号やメールアドレスをスマホに引き継げる

ガラケーからスマホに乗りかえても、同じ携帯電話会社であれば、ガラケーの時に使っていた電話番号やメールアドレスを、そのまま使い続けることができます。ただし、通話の履歴、やり取りした携帯メールは引き継ぐことができません。

違う携帯電話会社に乗りかえる場合、電話番号を引き継ぐことができます。これを「ナンバーポータビリティ(MNP)」と呼びます(「モバイルナンバーポータビリティ」と呼ぶ場合もあります)。なお、ナンバーポータビリティを行っても、メールアドレスは引き継げません。

● ガラケーからスマホに引き継げるもの、引き継げないもの

ナンバーポータビリティ(MNP)ってなに？

電話番号をそのままに携帯電話会社を乗り換える制度です。携帯電話会社のメールアドレスは変わってしまいますので注意が必要です。これまで契約していた携帯電話会社での手続きが必要です。あらかじめ確認しておきましょう。

ガラケーの電話番号をスマホに移すには

電話番号は、ガラケーからスマホに乗り換えるときに、携帯電話販売店のスタッフが手続きをしてくれるので、自分で行うことは特にありません。

ガラケーやスマホには、「SIM（シム）」という部品が差し込まれており、このSIMを差し替えることで、電話番号をスマホに移すことができます。

SIMとは、電話番号や契約情報が書き込まれているICチップ（アイシーチップ）のことです。SIMについては、セクション17でも、最近のSIMの使い方や動向を説明しています。

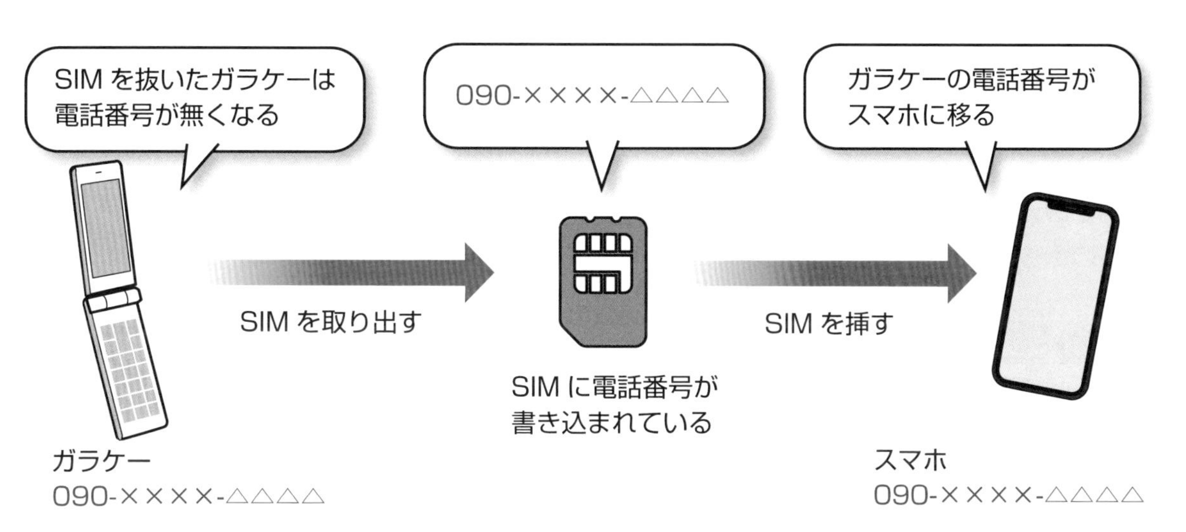

メールアドレスをスマホに移すには

電話番号と異なり、SIMを移し替えるだけでは、メールアドレスはスマホに移せません。スマホの設定機能から、メールアカウントを設定して、メールを使えるようにする必要があります。iPhoneでは、「設定」アプリで携帯電話会社のメールアドレスを追加します。

メールの設定方法についてわからない場合は、スマホの購入時に携帯電話販売店のスタッフに相談してみましょう。スマホでのメールの送り方や受け取り方は、第3章で説明しています。

▲ホーム画面で［設定］をタップして開き、［メール］－［アカウント］を選ぶ

▲［アカウントを追加］をタップし、メールアドレスなどのアカウントの情報を入力する

セクション

7 スマホでも留守番電話は使える？

留守番電話

スマホでも、ガラケーと同様に留守番電話を使うことができます。ただし、ガラケーとスマホでは操作方法が異なります。

第1章

スマホでも留守番電話が使える

スマホでも、ガラケーと同じように留守番電話のサービスを利用することができます。ただし、サービスの申し込みが必要です。受け取れなかった電話は、携帯電話会社のサービスセンターに保管されます。問い合わせをしてメッセージを聞きます。

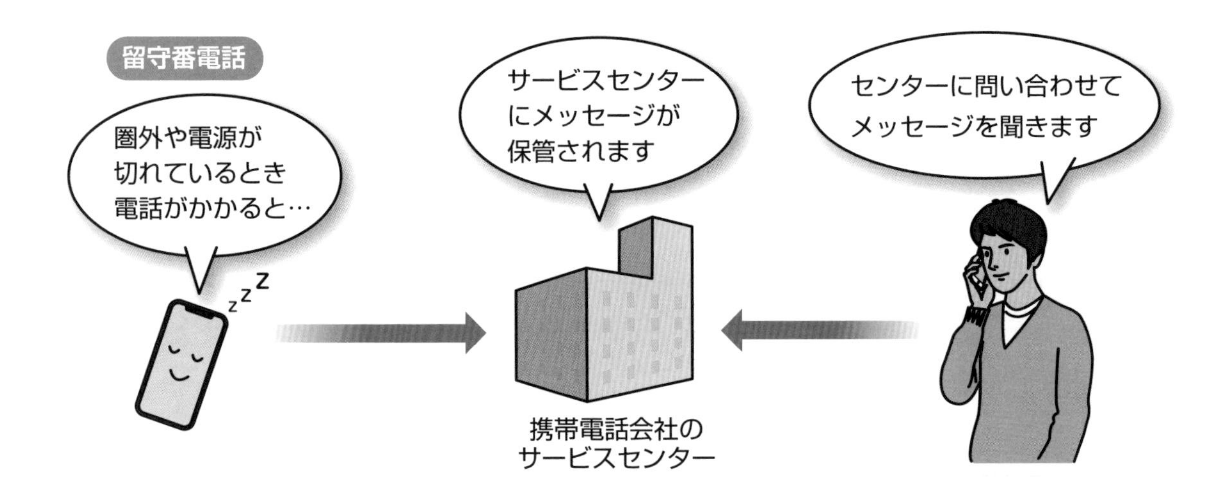

電話を取れなかったときは？

スマホに電波が届かないところや、電源を切っているときにかかってきた電話は、ショートメールでかかってきた番号が通知されるサービスがあります。

通知をタップして、メッセージを再生したり、かけ直すことができます。

スマホで留守番電話を使うには

留守番電話を使うには、あらかじめ設定をしておきます。設定すると、電話があったことが画面に表示されます。通知をタップしてメッセージを開きます。

● 留守番電話を設定すると

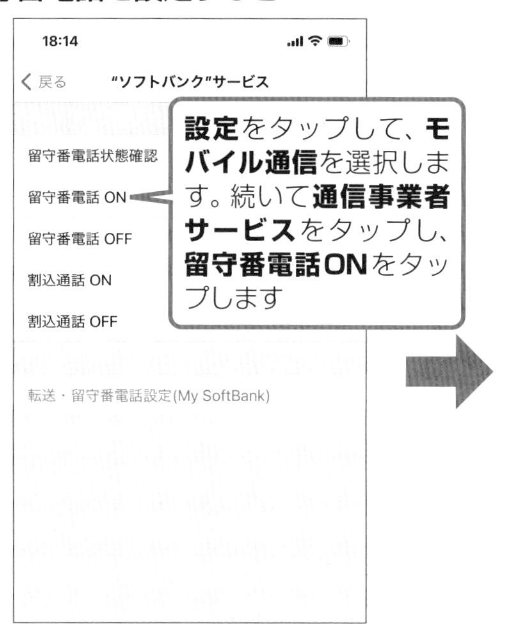

LINEを使って音声のメッセージを送る

留守番電話サービスを登録していなくても、LINE（ライン）を使って音声メッセージを残すことができます。

音声のメッセージを送りたい相手のトーク画面を開き、[音声] ボタンをタップします。マイクのアイコンが表示されたら、このアイコンを押したまま話します。指を離すと音声録音が終わり、相手に送信されます。

相手のトーク画面には、音声メッセージが表示され、タップすると再生できます。留守番電話のように利用できる便利な機能です。

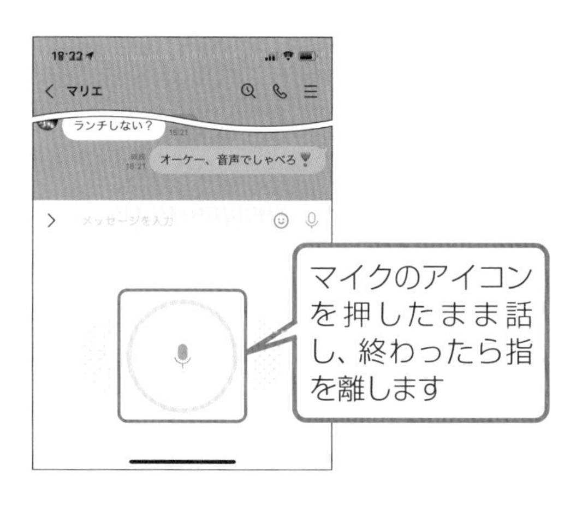

セクション 8

スマホでお買い物ができる電子決済とは？

電子決済の利用

スマホやICカードをかざして決済ができる「電子決済」が広がっています。スマホに電子決済のアプリを入れて使いましょう。

素早く、安全にお買い物。決済のメリット

現金のやり取りをせずに、素早く支払いができる電子決済が広がっています。電子決済サービスが増え、各社でサービスを競っています。交通系ICカードのスマホアプリ版のように支払いの機器に近づけて決済したり、PayPay、楽天Payのようにバーコードでピッと決裁情報を読み込んだりと、決済方法にもいくつかあります。

電子決済を使うメリットは以下のとおりです。

- **お金を渡す、おつりをもらうなどの手間と時間が節約できる**
- **ポイントによるキャッシュバックなどお得に買い物ができる**
- **クーポンが配信され、値引きがあるものもある**
- **買い物の記録を確認できるので家計管理にもなる**

▲PayPay

▲Suica

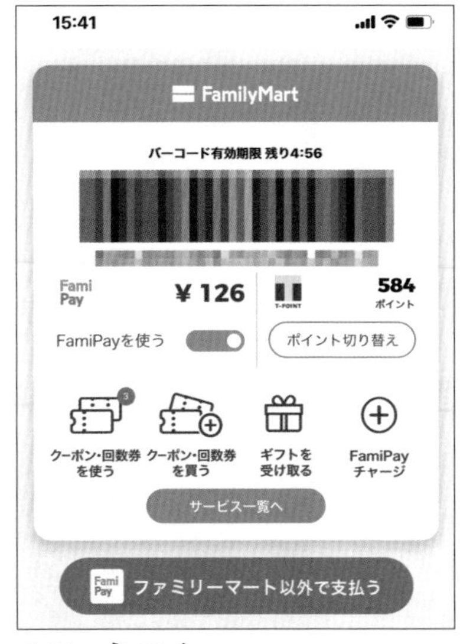

▲ファミペイ

スマホの充電がなくなったら使えない？

スマホの充電が完全に無くなってしまうと、電子決済が使えない場合があります。支払いだけはできる場合でも、残高が確認できない、チャージできないなど不便です。お買い物前にバッテリーを確認しておきましょう。

iPhoneでは「Apple Pay」を使う

iPhoneの場合は、電子決済に「Apple Pay（アップル・ペイ）」が使えます。Apple PayでもSuicaなどの交通機関の支払や、クレジットカードのオンライン決済に利用できます。また、Apple Watchのシリーズ2以降に発売されたスマートウォッチと連携していますから、Apple Watchをかざして改札を通ったり、決済することもできます。

利用するには、「Wallet（ウォレット）」アプリを使って、クレジットカードや決済方法を登録します。

●Walletに電子決済サービスを登録する

ガラケーからスマホにおサイフケータイを切り替えるとき

おサイフケータイが使えるガラケーからスマホに乗り換える際には、ガラケーに残っている残金やポイントを、いったんガラケーから各サービス会社（Suica、Edy、nanacoなど）のセンターに預ける必要があります。

センターに預けた残金やポイントをスマホに移す際に、操作がわからなかったら、各サービス会社のコールセンターに問い合わせましょう。

●いったんガラケーから、残金やポイントを預ける必要がある

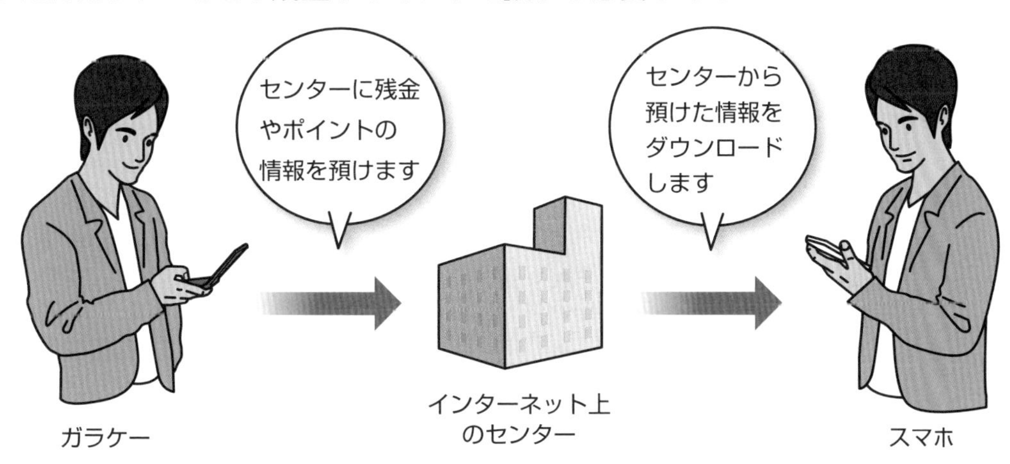

セクション 9

ガラケーより充電が早く切れるって本当？

バッテリーの持ち時間

スマホは、ガラケーよりも高機能で画面も大きいため、その分充電も早く切れます。電池が早く減る理由や、充電をできるだけ長持ちさせる方法を紹介します。

スマホの充電が早く減る理由

スマホは、ガラケーに比べると画面が大きく、さらに画面が見やすいように明るくするバックライトを使っているので、その分バッテリーを消耗します。

また、スマホの頭脳といえるCPUが、ガラケーと比べて高性能で、常にいろいろな処理を行っています。操作をしていないときでも、スマホの内部ではアプリが動いており、バッテリーを使い続けています。

● スマホはガラケーよりも多くの電力を使っている

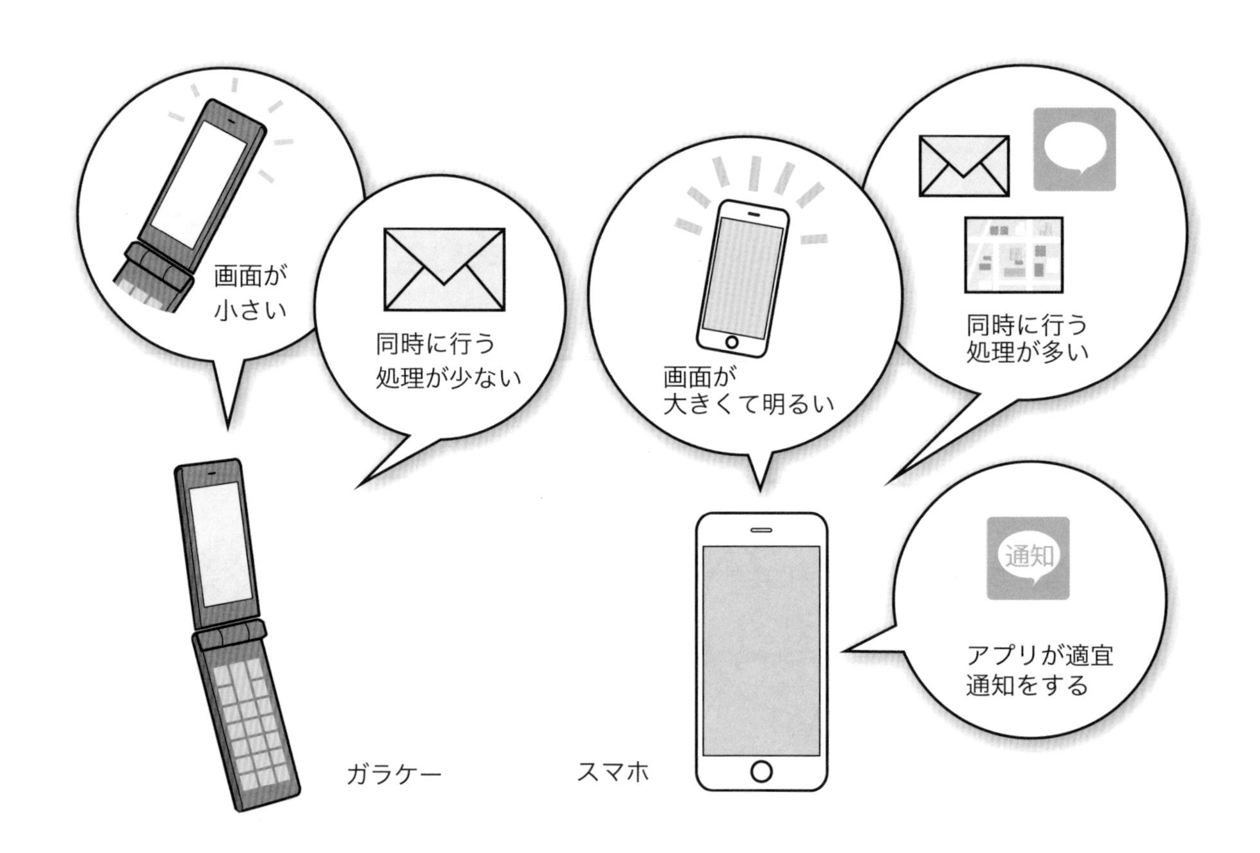

スマホの充電を長持ちさせる方法

先に述べた通り、スマホでは大きくて明るい画面や、操作していないときも動いているアプリなどが充電を消耗しています。これらの設定を見直すことで、スマホの充電を長持ちさせることができます。見直した方がよい設定は、次の3つです。バッテリーを長持ちさせる方法については、セクション64も参考にしてください。

❶画面を適切な明るさに設定する

画面を明るくするほど電気を使います。画面の明るさを調整して、適度な明るさにします。コントロールセンターを表示すると、画面の明るさやWiFiの接続などをまとめて変更できます。

❷Wi-Fiの接続をこまめに切る

Wi-Fi機能が入りっぱなしになっていると、スマホが、常にWi-Fiを探して接続しようとしている状態となり、充電を早く消耗します。Wi-Fi環境のない所では、Wi-Fi機能をオフにしておきましょう。

❸アプリの通知設定を変更する

アプリからの通知をオンにしておくと、通知の都度、電気を使います。必要なものだけオンにしておきましょう。

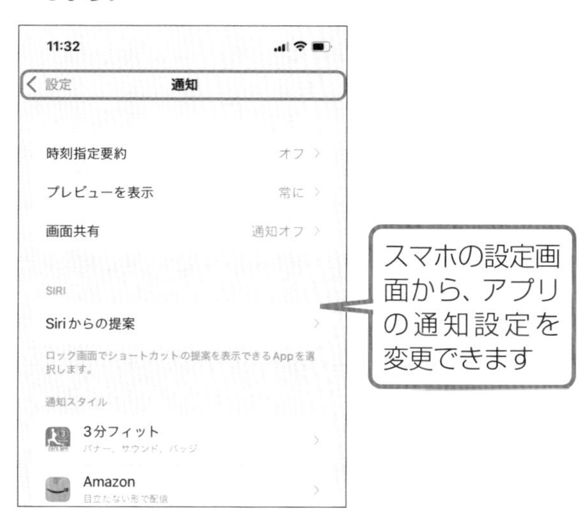

セクション 10

スマホは防水になっている？

水濡れ対応

スマホにも防水対応の機種があります。ただし、スマホは電子部品の固まりですから、水には弱いので注意しましょう。

防水対応機種がある

スマホには、防水に対応している機種がたくさんあります。さらに、防水だけでなく、防塵にも対応している機種もあるので、そういったものであれば、ガーデニングや海辺などにも持って行けます。

ただし、スマホの防水機能は、水道水などの生活用水に対してのみ保証されています。海やプールに持って行って故障しても、保証の対象にならない場合があるので、注意が必要です。

防水規格名	水の状況			
	水道の蛇口・シャワー	水没 1メートル/30分	水没 1.5メートル/30分	海水・温泉
IP×5	○	ー	ー	×
IP×7	ー	○	ー	×
IP×8	ー	○	○	×

※表中の「ー」は非対応を表しています。

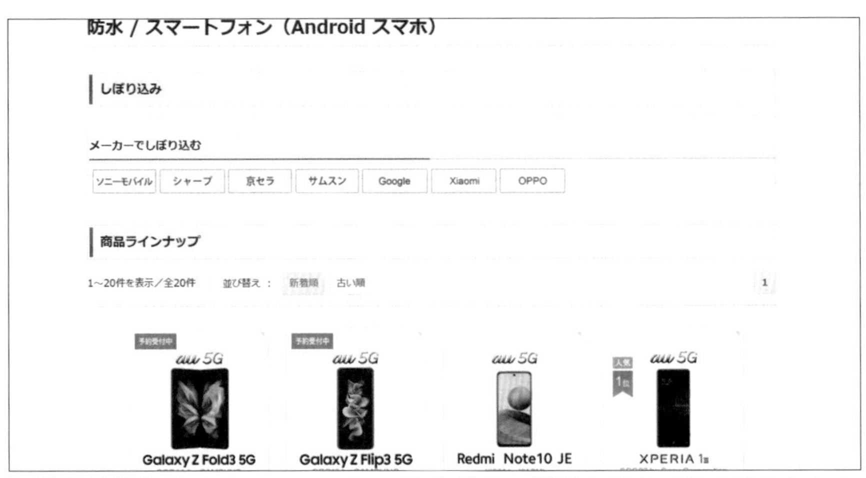
防水 / スマートフォン（Android スマホ）

しぼり込み

メーカーでしぼり込む

ソニーモバイル	シャープ	京セラ	サムスン	Google	Xiaomi	OPPO

商品ラインナップ

1～20件を表示／全20件　並び替え：新着順　古い順　1

予約受付中 au 5G Galaxy Z Fold3 5G

予約受付中 au 5G Galaxy Z Flip3 5G

au 5G Redmi Note10 JE

人気 1位 au 5G XPERIA 1Ⅲ

▲携帯電話会社のホームページで、防水対応の機種を検索できる場合もある

防水機能ってなに？

スマホには、SIMやメモリーカードを入れるスロットやイヤホンを差すコネクターがあります。ここから水分が入ると中の電子機器が壊れてしまいます。パッキンや特殊な設計で、水が中に浸入しないようにしてあるのが防水機能です。

iPhone はiPhone7 以降の機種なら防水対応

iPhoneは、iPhone7以降の機種で防水対応になりました。iPhone 7、iPhone SE (第 2 世代)、iPhone X、iPhone 8は、前ページの「IP67」の防水機能を、iPhone XS 、iPhone XS MAX、iPhone 11、iPhone 12 、iPhone13は「IP68」の防水機能を備えています。しかし、完全防水というわけではありません。海や川、プールなどの水辺やお風呂で安心して使いたい場合は、防水ケースに入れて使うと安心です。

完全防水でないスマホを使うときに気をつけること

防水対応機種でも、使い方によっては水濡れ故障が起きる可能性があります。カバーやキャップはしっかり閉じて使いましょう。

また、普段から次のように、濡れた手や石けんのついた手で持たない、強い雨の中で利用しないなど、注意して使いましょう。

● やってはいけないこと

✕ 濡れた手で持つ

✕ 強い雨の中での利用

セクション 11

スマホとタブレットは両方あったほうがいい？

タブレットのメリット

スマホだけ持っていても不自由はありませんが、タブレットと合わせて持つことで、もっと便利になります。

スマホの他にタブレットを持つメリット

スマホとタブレットは同じような使い方ができます。メールやインターネット、SNSやゲームが画面をタップして選択できます。自宅では大きな画面のタブレットをリビングで使う、外出先や仕事ではポケットに入るスマホを使うという使い分けができます。タブレットにはWi-Fi専用の機種もあるので、通信料金はスマホだけになれば節約できます。

なお、タブレットは、スマホと同様に携帯電話各社から購入できます。スマホとセットで購入すると、割引になっている場合もあります。

iPhoneを持っている人はiPadがおすすめ

iPhoneを使っている人なら、同じアップル社製のタブレット「iPad」をおすすめします。iPadは、画面の見た目や操作方法がiPhoneとほとんど同じなので、iPhoneと同じ感覚で使うことができます。

また、iPhoneで使っているアプリのほとんどは、iPadにも対応しているので、タブレットでも使うことが可能です。ゲームや動画を、大きな画面で楽しめます。写真や動画を家族や友人と見るときにも、画面の大きなタブレットがあると便利です。クラウドサービスを使って、スマホとタブレットで画像を共有することもできます。

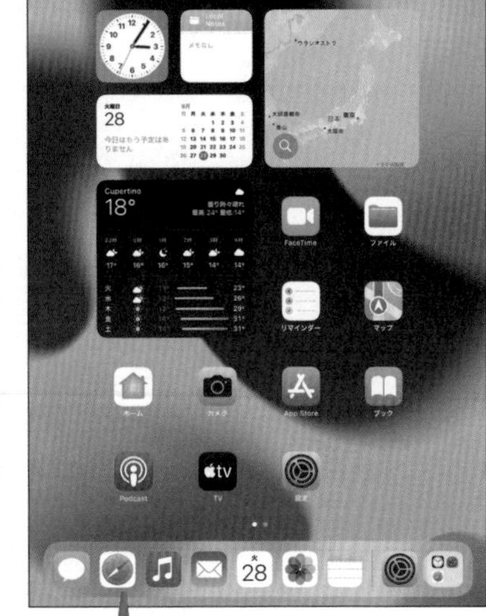

iPhoneとiPadなら、ほとんど同じ操作で使うことができます

Wi-Fi専用タブレットってどこで買うの？

iPadには、携帯電話会社の回線が使える「セルラーモデル」（Wi-Fi利用もOK）と、Wi-Fi専用のモデルが用意されています。携帯電話の販売店や家電店、アップルストアで買えます。Androidも同様に、携帯電話の販売店の他、家電店に行くとたくさんのWi-Fi専用機種が発売されています。画面の大きさや見やすさ、使いやすさ、重さなど、自分で触って確かめてみると良いでしょう。

第2章 スマホを買うときに、これを知っておけば困らない！

スマホが欲しいけれど、どれを選べばいいのかわからない……。数多くの種類が販売されているスマホの中から、自分にもっとも合ったスマホを探しましょう。機種ごとに違う性能や機能だけでなく、携帯電話会社や料金の違いにも注目します。この章では、はじめてスマホを買うときや、ガラケーから買い替えるときに知っておくとよいポイントを紹介します。

セクション

セクション

12 携帯電話販売店と家電店で買うと違う？

販売店による違い

スマホを買う販売店は大きく分けて2つ。携帯電話会社の販売店と、家電量販店があります。どちらで買っても基本的に同じです。

スマホの基本的な値段は同じ

ブランドショップである携帯電話会社の販売店でも家電量販店でも、スマホの値段は基本的に同じです。ただし、後述するオプションの加入やポイントの使用などで、実際の支払額が少し変わることもあります。携帯電話販売店ではサービスや料金についてより詳しい説明を受けながら選べます。一方で、家電量販店では、契約する携帯電話会社に迷っていても、比べながら買うことができます。またそれぞれ、実店舗に加えて最近充実しているオンラインショップでは、値段は基本的に同じですが、詳しい説明を受けることはあまりできず、自分で調べる必要があります。

● **携帯電話販売店と家電店の違い**

	携帯電話販売店	家電店
スマホ本体の販売価格	同じ	
本体の価格の割引	基本的に割引なし	
受取りまでの時間	手続き後すぐ	数時間～1日待つこともあり
故障や紛失の対応	窓口や電話で対応	携帯電話販売店で対応
携帯電話会社の比較	携帯電話会社のスマホのみ取り扱い	携帯電話会社の違いを店員に相談できる

故障や紛失のときは携帯電話販売店で対応してもらう

スマホが故障したり、紛失したときは、購入した店舗に限らず携帯電話販売店で対応してくれます。家電店で買ったスマホでも、近くの携帯電話販売店に行けば対応してくれますし、携帯電話販売店は携帯電話会社が同じであれば、日本全国どこの店舗でも同じ対応を受けることができます。

ポイントを有効に活用

大手の携帯電話会社は、独自のポイントサービスを提供していて、料金に応じたポイントをスマホの購入代金に割り当てることができます。利用期間が長いと、ポイントがたまっていることがあります。このポイントは携帯電話販売店でも家電店でも利用できるので、機種変更などでポイントが貯まっているなら、ポイントを使って購入額を減らすことができます。

さらに家電店なら、家電店のポイントサービスを併用すると、さらに購入額を減らしたり、購入額で付くポイントの分、割安に購入することができます。

「オプション加入」の条件に注意

しばしば、家電店で販売されているスマホの方が、携帯電話販売店より少し安い値段が表示されていることがあります。これは、家電店でスマホを買うときに、「オプション加入」を条件に値引きをより大きくしていることがあるからです。留守番電話など一般的なオプションの他に、音楽配信サイトやゲームサイトなど、いくつかのサービスを契約する必要がありますが、おおむねどれも月額費用がかかるため、結果的に、必ずしも安くなるとは限りません。もし「オプション加入」を提示されたら、内容と料金、解約できる期間を聞いてから、オプションに加入しない場合の価格と比べましょう。なお、携帯電話販売店でも、多くはありませんが、いくつかのオプション加入を条件に初回支払額を割り引くなどの販売方法があります。後日、オプションの解約ができるかどうかなどを確認しておきましょう。

なお最近ではこれらの販売方法が「わかりにくい」という声が多く、経済産業省によって禁止される販売方法などが細かく制定され、条件付きの割引販売については段階的に縮小している一方で、ケーブルテレビや電気契約といった他のサービスとセットで契約するといった割引もあり、複雑さは残っていますので、購入前には必ず割引条件を確認しましょう。

● オプション加入条件の例

オプション	提供元
特定のパケット定額プラン	携帯電話会社提供のサービス
留守番電話	
キャッチホン	
転送電話	
音楽配信サイト	一般企業などによるサービス ※家電店では稀に10〜20ものサービス加入が条件になっていることも!
ビデオ配信サイト	
ゲームサイト等	

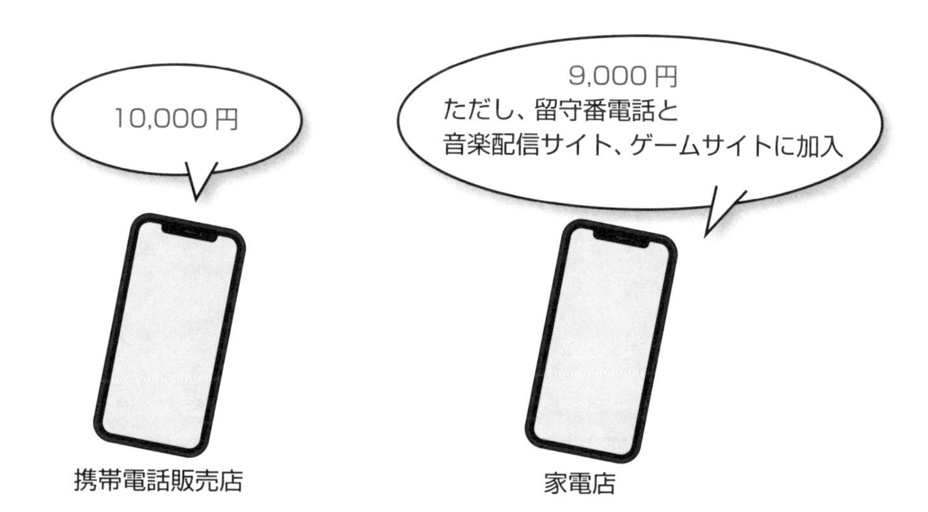

機種変更なら下取りできることもある

携帯電話販売店では古い機種の下取りが行われていることがあり、機種変更のときにはさらに割引してもらえることもあります。下取りは携帯電話会社が違っていても対象になることが多く、携帯電話会社の乗り換えと機種変更を同時に行うときにも利用できます。下取り金額は機種の年式（発売時期）やタイプによって変化しますので、携帯電話販売店で確認しましょう。

セクション 13

店員さんに何を伝える？確認する？

購入時のチェックリスト

スマホを買いに販売店へ向かうものの、どれを選べばいいのか迷ってしまうでしょう。そこであらかじめ、伝えることと確認することを用意しておきましょう。

スマホを買う前に調べておくこと

自分に最適なスマホを買うために、あらかじめいくつかのことを調べ、店員さんに伝えましょう。「どのような使い方をしたいか」を明らかにしておくと、自分が欲しいスマホのイメージもつかめてきます。調べたことはメモ用紙に書いて持って行けば、忘れず確実に伝えられます。

・電話をかける時間は？	□ 多い	□ 少ない
・メールやネットを使う時間は？	□ 多い	□ 少ない
・動画を見る？	□ 見る	□ あまり見ない／見ない
・本体の大きさは？	□ 小さい方がよい	□ 気にしない
・画面の大きさは？	□ 大きい方がよい	□ 気にしない
・重さは？	□ 軽い方がよい	□ 気にしない
・iPhoneが欲しい？	□ 欲しい	□ Androidでもよい
・最新機種に……？	□ こだわる	□ こだわらない
・同じ携帯電話会社を使う家族は？	□ いる	□ いない
・家族と電話を……？	□ する	□ しない
・いろいろなアプリを……？	□ 使いたい	□ あまり考えていない
・留守番電話は？	□ 必要	□ 不要
・テザリング（※）する？ ※ノートパソコンやタブレットの無線LANでスマホに接続して外出先でインターネットを使うこと	□ する	□ しない
・機種変更の場合、今のケータイは？	□ 同じ携帯電話会社	□ 違う携帯電話会社
・1カ月の電話代の目安は？	（	）円程度
・料金の支払い方法は？	□ 銀行引き落とし	□ クレジットカード
・スマホ本体の購入方法は？	□ 一括払い	□ 毎月の料金に含めて分割払い

スマホを買うときに確認すること

携帯電話販売店で店員さんに要望を伝えると、欲しい機種が絞られます。何機種か候補に挙がったら、あとは色や形の好みで決めてもよいでしょう。せっかく持つスマホですから、気に入ったものを選びましょう。

買うスマホが決まったら、携帯電話会社と契約をします。そのとき、料金プランを決める上でインターネットを使う時間や通信量などを聞かれるかもしれません。これらは、あとから変更することもできますので、わからない場合は「最低限のプラン」にしてもらいましょう。

契約手続きをしながら、確認しておくことがあります。これを怠ると、予想以上に高い料金を支払うことになったり、トラブルに遭ったとき解決する方法がわからなかったりします。

- **大まかな1カ月の支払料金**
  通話時間や通信量で変わりますが、おおまかな金額を聞いておきましょう。
- **支払料金に含まれるもの**
  スマホ本体の料金を分割で支払う場合など、通話・通信料金以外に含まれる料金があります。
- **初回の支払日と支払金額**
  初回の支払日には事務手続料なども含まれますので、確認しておきましょう。
- **持ち帰れるまでの時間**
  携帯電話販売店では契約後に持ち帰れますが、家電店では待たされることがあります。
- **次の契約更新月と途中解約の解除料**
  ２年～4年程度の契約やスマホの下取り交換などを条件に割引になっている場合に、途中解約すると解約料がかかることがあります。
- **困ったときにはどこに聞けばよいか**
  携帯電話販売店やサポート窓口の電話番号を確認しておきましょう。
- **スマホの講座や教室はあるか**
  携帯電話販売店などで開いているスマホ講座を利用して便利に使いこなしましょう。

おサイフケータイ（セクション8 参照）など、前もって移行しておくデータが無いかどうかも確認しておきましょう

セクション 14

店頭表示の意味や値段の違いは何？

表示価格の見かた

店頭で展示されているスマホの値段表示には、いくつかの価格が並んでいて、「結局はいくら?」と考えてしまいます。それぞれどのような値段なのでしょうか。

「一括支払い金額」を基準にして考える

第2章

店頭でスマホの値段を見ると、支払回数や契約の条件などによっていくつもの値段が表示されています。また、まれに極端に安い値段のスマホが売られていることもあります。いったいどれが本当の値段なのでしょうか。

店頭に表示されているスマホの値段は大きく分けて次の3種類に分かれます。

新規契約　**機種変更**　**MNP（他社から番号そのままで乗り換え）**

自分の買い方がどれなのかを確認したら、次に「一括支払い」の金額を確認しましょう。おそらく、多くのスマホでは数万円の金額が表示されているはずです。これが実際に支払うスマホの価格です。一方、同じくらい多くの場合、いちばん上に大きく「20,000円」や「30,000円」といった安い値段も表示されているはずです。この金額は「実質価格」と言って、必ずしもスマホがその値段で買えるのではありません。

たとえば「本来54,000円のスマホで特定の料金プランを契約した場合に、利用料金が月々1,000円割引になる。スマホを24カ月の分割払いで購入したら、その割引を考慮すれば実質的には-24,000円となって30,000円になる」といった意味で、非常にわかりにくい仕組みになっていることがあります。したがって、スマホの代金そのものが30,000円ではありません。

そこで、目安として「一括支払い価格」を見ます。これは「もしスマホの代金を1回で支払ったらいくらか」を示していますので、スマホの値段はこの「一括支払い価格」を基準に考えます。そこから、さまざまな割引サービスを使って、いくら安くなるかを考えるとよいでしょう。

なお、店頭の価格表に書いていない割り引きがあるケースも多く、興味のある機種が見つかったら、店員さんに聞いてみましょう。

「実質0円」の現状

一時期は顧客獲得や型落ち機種の在庫処分などを目的に「実質0円」で販売されているスマホが多数ありましたが、過剰な価格競争の防止から現在では「実質0円」販売は各携帯電話会社が自粛するようになりました。

● 店頭表示価格の例

	新規（追加）契約	機種変更	MNP
実質価格	**32,400**	**39,600**	**10,800**
頭金	0	0	0
割賦価格	2,850	2,850	2,850
一括支払価格	68,400	68,400	68,400
毎月割引	1,500	1,200	2,400
長期割引（10年超）	10,000	10,000	ー

実質価格＝頭金＋（割賦価格－毎月割引）×24
※「毎月割引」の金額によって実質価格が変わります。

・実質価格

スマホを購入すると、この例では24カ月間、料金から一定の金額が割り引かれます。実際のスマホ価格から、その割引の24カ月分を差し引いた金額を「実質価格」と言います。一般的に、以下のようになることが多いようです。

機種変更　≧　新規（追加）契約　＞　MNP

・頭金

初回に支払う金額です。実際に数千円の価格が設定されていても留守番電話などいくつかのオプションに加入することで、0円になるのが一般的です。

・割賦価格

スマホを24カ月で分割して支払う場合の、1カ月あたりの金額です。上の表では、一括支払価格の68,400円の1/24となります。分割払いでも利息はつきません。ただし、途中で機種変更しても残債の支払は続きます。また解約した場合、残債は一括で支払う必要があります。

・毎月割引

スマホを購入した場合に、月々の料金から割り引かれる金額です。スマホ代金の支払い方法（分割支払／一括購入）にかかわらず、月々の利用料金から割り引かれます。たとえば上の表のスマホを新規契約で購入した場合、1カ月の利用料金が7,500円になったら、支払金額は6,000円になります。

この金額は新機種や旧機種、人気や売れ行きなどによって頻繁に変更される傾向が高く、一般的に、新規契約、機種変更、MNPで異なる金額が設定されています。

・長期利用割引

同じ携帯電話会社を一定の期間以上利用している場合に、購入時の金額から割り引かれます。分割支払いの場合、一般的に支払開始から割引金額に達するまでの支払に対して差し引きされます。

セクション

15 iPhoneの種類の違いは何？

iPhoneの種類

かつてはiPhoneといえばそのときの最新機種が1種類発売されているだけでしたが、最近では機能が違う複数の種類のiPhoneが発売されています。何が違うのでしょうか？

価格帯や機能差で分類されている

代表的なスマホを大きく2つに分類すると「iPhone」と「Android」に分かれます。このうち「Android」はさまざまなメーカーから多くの種類のスマホを発売されていますが、「iPhone」はアップル社からだけ発売されているスマホです。そのため、かつて「iPhone」と言えばそのときの最新機種1種類だけを考えればよかったのですが、最近はいくつかのiPhoneが発売されていて、買うときに使い方や好みで選べるようになっています。

iPhoneのほとんどは、「iPhone」に続く数字が大きいほど新しい機種で、2021年11月現在では「13」が最新となります。さらに同じ時期のiPhoneでも大きさや性能でいくつかの種類に分かれています。

「iPhoneが欲しい」と考えていても、買うときにはこれらの種類を比べて選ぶことになります。そこで「iPhone 13」を例に、違いを見てみましょう。それぞれの違いを見てみましょう。

● iPhone 13

もっとも標準的なiPhoneです。従来からのiPhoneをバージョンアップして、より速く動作したり、よりきれいに画面を表示できるようになっています。また、指紋認証など最新の技術も取り入れられています。

- **iPhone ○○ mini**
- **iPhone ○○**
- **iPhone ○○ Pro**
- **iPhone ○○ Pro Max**
- **iPhone SE**

※旧機種で販売が継続されているものは除く

● iPhone 13 Pro

iPhone 13よりもひとまわり大きなiPhoneです。iPhone 13よりも映像や画像の処理性能が高く、また画面が大きい分、インターネットのホームページを広く表示できたり、大きな画面で動画を見たりすることができます。カメラ性能も高く、レンズを増やしてより広い範囲を撮影したり望遠を使う、3D撮影をするといったこともできます。

▲高機能モデルの「iPhone 13 Pro」と「iPhone 13 Pro Max」

●iPhone 13 mini

ひとまわり小さいiPhoneです。性能はiPhone 13と変わりませんが、本体が小さく、片手でも簡単に使えます。画面が小さい分、表示される文字のサイズなども小さくなりますが、表示できる領域は大きく変わりません。

小さいものを好む日本では人気があり、品薄になることもあります。

●iPhone SE(第2世代)

機能を抑えて低価格で発売されているiPhoneです。画面の大きさやカメラ機能など機能面では少し前のiPhoneに近いものの、動作速度は最新の技術にも対応しています。「iPhoneは欲しいけれど高価」という人にも買いやすい価格設定になっています。

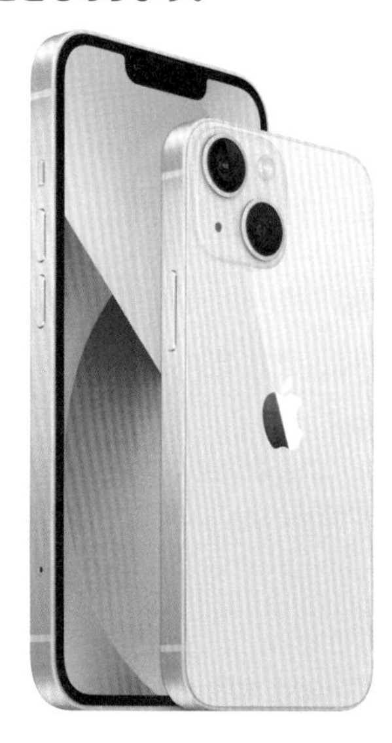

◀標準モデルといえる「iPhone13」と、ひとまわり小さい「iPhone 13 mini」

▲機能を抑えて低価格で発売されているiPhone SE

選び方のポイント

「iPhoneが欲しい」と考えているのなら、自分の使い方に合ったiPhoneを選びましょう。

たとえば価格で比べると、iPhone 13 Proは最小構成でも12万円程度します。もちろん最新機種で最高の機能が欲しいと誰もが思うところですが、そこまで使いこなせないかもしれません。一方で大きな画面で動画を見たいならiPhone 13 Pro Maxがいちばん画面が大きいのですが、ポケットに入れて持ち歩くには不便です。凝ったゲームアプリなどは使わず、メールやホームページを使うことがほとんどであればiPhone SEでも十分使えます。

これらそれぞれの機種のメリットやデメリットを比べて、最適なiPhoneを見つけましょう。

● iPhoneの違いによるメリットとデメリット(iPhone 13の例)

	メリット	デメリット
iPhone 13	使い方が標準的	カメラ機能が他の機種に比べ標準的
iPhone 13 Pro / Pro Max	画面が大きい カメラが高機能	本体が大きい(Max) 値段が高い
iPhone 13 mini	値段が手頃 片手で楽に使える	画面が小さい
iPhone SE(第2世代)	値段が手頃 ホームボタンがあり慣れた使い方ができる	凝ったゲームアプリなどで不向きなこともある

セクション 16

格安スマホってどうなの?

格安スマホのメリット・デメリット

最近よく聞く「格安スマホ」。主に大手ショッピングセンターや家電量販店で販売されている「格安スマホ」は、安いことの他にどのような違いがあるのでしょうか。

格安スマホも普通のスマホも機能に大きな違いはない

「格安スマホ」は、「大手の携帯電話会社に比べて料金が割安で、スマホ本体価格も安い」ことが特徴です。「格安スマホ」と聞くと、「安い分、きっと何か不便なんだろう」と思うかもしれません。しかし実際のところ「格安スマホ」でも、できることはあまり変わらず、不便を感じることはないでしょう。では何が違うのでしょうか?

第一に、携帯電話会社が販売しているスマホの多くは大手国内メーカーや先端技術を持つ海外のメーカーで生産されているのに対して、格安スマホの多くは中国、台湾などの新しいメーカーが生産しています。また国内メーカーでも、1年ほど前の機種を元にした格安スマホが販売されています。このように「国内メーカーの最新機種に搭載されている機能よりも抑えてある」ことが格安スマホの特徴です。

ただそれで何かができないかと言えば、大差はありません。カメラの画素数が多少小さい、性能を示す処理速度が若干遅い、といった程度で、よほど高機能を使い込まない限り、普段使いには何も困ることはないでしょう。

格安スマホのメリット

格安スマホのメリットは、なんと言っても安さです。本体も割安な上に、料金が割安なことが格安スマホの最大の特徴であり、最大のメリットです。

たとえばスマホ本体の価格では、大手キャリア(携帯電話会社)では本体が6万円、8万円という機種も多い一方で、格安スマホでは3万円台の機種も多く販売されています。

また格安スマホを選ぶ理由の1つは料金です。大手キャリアでは、使う通信量にもよりますが基本料金と通信・通話料金を合わせると1カ月で5千円程度〜1万円程度のプランが多く利用されています。一方で格安スマホの場合、1カ月の料金は千円程度から、3千円程度が広く普及しています。さらにデータ通信をほぼ使わないのであれば、千円を下回るプランもあるほどです(ただし通話料は別にかかります)。これを1年2年と利用し、また家族全員が格安スマホにすれば、1年でかなりの金額の節約になります。

● 大手キャリアと格安スマホの料金例

	大手キャリア	格安スマホ
データ通信	7,000円(上限なし)	2,000円(10GB)
音声通話	2,000円(5分以内かけ放題)	20円/30秒
合計	9,000円	2,000円+通話料

※大手キャリアにはこのほかに割安なオンライン契約専用プランなどもあります。

何で安いの？

そもそもの疑問として「格安スマホは何で安いの？」と思うでしょう。理由は1つではありません。まず前述のように、中国や台湾などの新しいメーカーの機種を使うといったことで価格を抑えています。また、格安スマホは専門の店舗を持たない、もしくは少ししか持たないことで、コストを抑えています。格安スマホは、スーパーや家電量販店で販売していたり、ネット販売だけで取り扱われることが多く、大手携帯電話会社のようなブランドショップがほとんど存在しません。これも全体のコストを下げる理由の1つです。

一方、「格安」を前提に運営していることもあり、設備投資に大手携帯電話会社ほどコストをかけられない現実もあります。そのため、格安スマホは一部で混雑時には通信速度が遅くなることも指摘されています。とは言っても、大きなデータを送受信しない限りは不便を感じることはなく、通信速度の問題は日々改善に向けて努力されています。

プランによって携帯電話会社の電子メールや音声通話が使えない

格安スマホは、「大手ではないから圏外が多いのでは？」「スマホの性能が低いのでは？」と不安になるかもしれません。しかし、格安スマホは独自の回線設備を持たず、多くはドコモの回線を借りています。つまり、通話範囲はドコモをはじめとする大手携帯電話会社と同じです。ただし、サービス面で大手携帯電話会社とは一部異なります。携帯電話会社が提供する電子メールサービスが使えなかったり、契約内容によっては音声通話が使えません。ただしこれらは、Gmailやインターネット通話など別のサービスで代替することができます。

● 格安だからといって回線が貧弱なわけではない

格安スマホのデメリット

格安スマホが大手キャリアのスマホと何も変わらないのであれば、誰でも格安スマホを選ぶでしょう。しかし現実にそうなっていないのは、格安スマホにいくつかのデメリットがあるからです。

1つは高機能ではない機種が多いこと。最新のカメラ機能を使って撮影したり、大きくてきれいな画面で動画を見ることはできません。しかし、格安スマホで販売されているスマホでも、普段使いには十分の機能は持っています。「そこまではいらない、これで十分」と割り切れるのであれば、格安スマホでも問題ありません。それでも「どうしても最新機種を使いたい」のであれば、高機能なSIMフリー端末を別に購入して、格安SIMと組み合わせる方法があります（セクション17参照）。

もう1つは回線速度が必ずしも速くはないことです。「格安スマホもドコモなど大手キャリアの回線を使っている」と説明しましたが、あくまで「使用料を払って一部を借りている」状態のため、大手キャリアの回線をフルに使うことができません。例えるなら、4車線の道路の1車線だけを通れる状態です。そこにたくさんの車が集まれば、渋滞を起こします。一方で残り3車線を走れる大手キャリアは、たくさんの車が集まってもスイスイ走れます。このように、利用者が増えて混雑すると、格安スマホの通信速度は遅くなります。

● 格安スマホの回線は渋滞しやすい

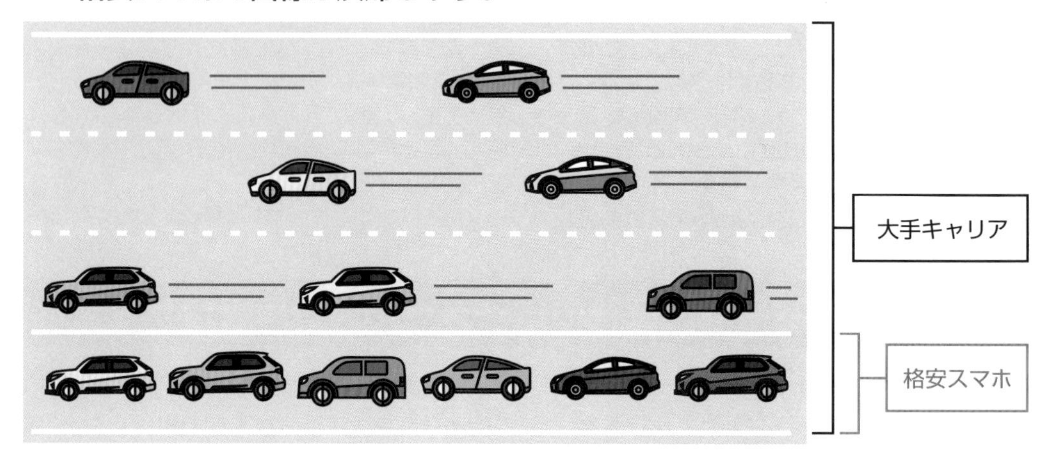

ただ、遅くなるといってもメールやLINEなどでメッセージをやりとりするぐらいであれば、通信量が少ないので何も問題ありません。動画を見たり、大きな画像をダウンロードするといったときに遅く感じるかもしれません。また、格安スマホの回線速度がずっと遅いことはなく、平日であればおおむね7時〜9時、12時〜13時、17時〜21時といった、多くの人がスマホを使うような時間に混雑する傾向があります。そこで大きなデータを通信するときには、混雑する時間帯を避けることで、使いやすくなります。

音声通話をしないなら格安スマホは効果大

インターネットを使い、音声通話をしないなら、格安スマホのメリットを最大限に活かせます。一般的に大手キャリアは、音声通話に対して「通話し放題」や「家族間無料」などの定額サービスがありますが、格安スマホには「5分以内の通話し放題」などの有料オプションが一部にある程度です。一方、インターネットの利用料金は大手キャリアよりも割安です。言い換えれば、電話をたくさんかけるなら格安スマホは必ずしも安くなるとは限りません。

インターネットだけを使うのであれば、音声通話のない格安スマホのプランでも構いません。ただしLINEのように、登録にSMS（ショートメッセージサービス＝電話番号で送る短いメール）を使うようなサービスがあります。最近では本人確認に利用されることもあり、SMSと電話番号が必要なサービスが多いので、事前に確認して、SMSが使えるプランを選択するようにしましょう。

格安スマホ、格安SIMを買うには

格安スマホは、家電量販店（ヨドバシカメラ、ビックカメラなど）や大手スーパーマーケット（イオンなど）で販売されています。また、ケーブルテレビ会社のJ:COMや電話サービス会社のOCNなどもサービスを行っており、格安スマホの選択肢は多くあります。

どこで買うか迷ったら、身近でよく行く店舗で購入すれば、困ったときに聞くこともできるでしょう。

また、格安スマホには、スマホ本体を買わずに、SIMだけを販売しているケースもあり、「格安SIM」と呼びます。

SIMだけを購入した場合は、対応する大手携帯電話会社のスマホか、次のセクションで説明する「SIMフリー」のスマホを使います。たとえばドコモのスマホを解約して、ドコモに対応した格安SIMを装てんすると、格安スマホとして使うことができます。

ただし、回線をつなぐための設定が必要なので、難しいと思ったら、身近な店舗で購入するとよいでしょう。

● 格安スマホ、格安SIMはどこで買える？

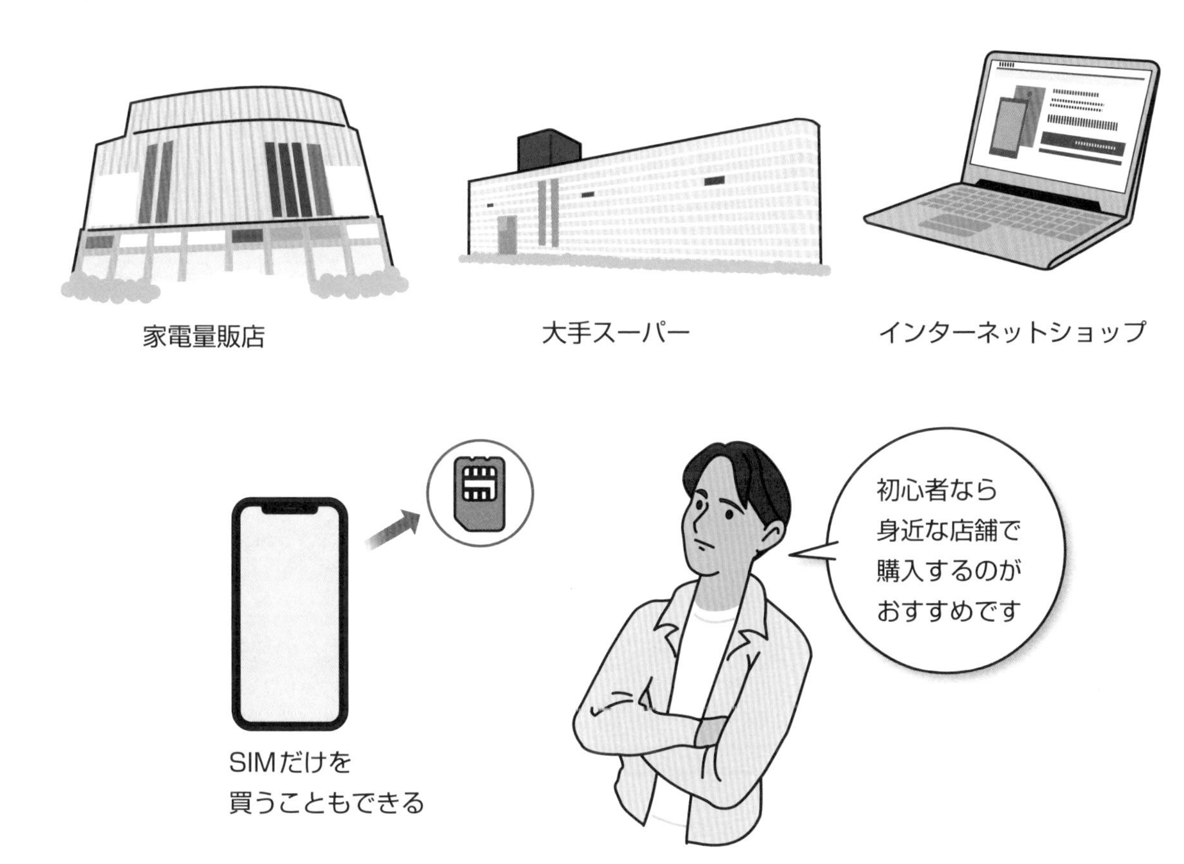

セクション

17 「SIMフリー」「格安SIM」って何？

SIMの概要と用途

スマホを選んでいると「SIMフリー」「格安SIM」という言葉を見ることがあります。「SIM」とはどのようなものなのでしょうか。

「スマホ」＝「本体」＋「SIM」

はじめに、そもそもスマホはどのような仕組みなのか、大まかに知っておくと「SIMフリー」や「格安SIM」も理解できます。

スマホは本体の中に、電話番号など契約情報が記録されたICチップが入っています。スマホの本体だけでは電話はできず、「誰のもの」と区別することもできません。これにICチップを組み込むことで、電話回線がつながり、「誰のもの」か明確になります。

つまりスマホは、「本体」＋「SIM」ではじめて使えるものになります。

● 一つの契約に対して、原則として1枚のSIMが割り当てられている

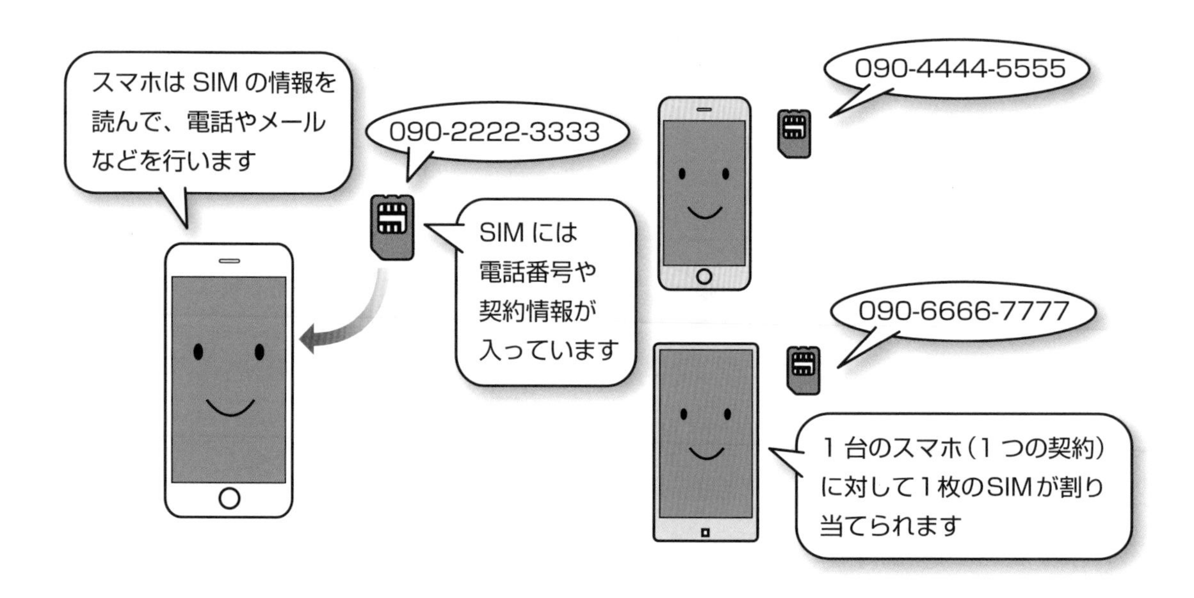

SIMは契約情報が記録されたICチップ

スマホでもガラケーでも、電話番号をはじめとする契約内容の情報が記録されたICチップが装てんされています。スマホがSIMの情報を読むことで、電話番号を認識したり、インターネットの利用やメールアドレスなどが設定されます。したがって、SIMは原則として1つの契約に対して1枚が割り当てられています。普段は目にすることはありませんし、SIMの存在を意識する必要もありません。しかし、SIMに情報が記録されていることを利用すると、あるスマホに装てんされているSIMを別のスマホに入れ替えて、電話番号なども別のスマホに移動できます。機種変更するときも、SIMを移動するだけで電話番号なども移動できることになります。

● SIMを差し換えることで、電話番号が移動する

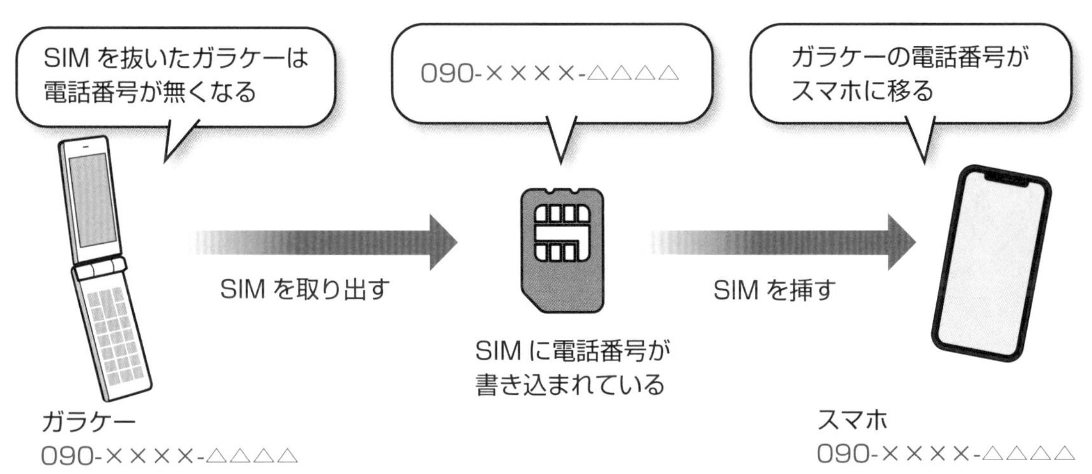

▲SIMの形状や対応機種によって、使えるガラケーやスマホは異なる

「格安スマホ」と「格安SIM」の違い

それでは、「格安スマホ」と「格安SIM」は何が違うのでしょうか。その区別は簡単で、「格安スマホ」はスマホ本体とSIMを一緒に販売して、なおかつ格安で利用できるスマホです。一方で「格安SIM」は、格安の料金プランで契約できるSIMだけを販売しているものです。つまり、「格安スマホ」は買ってすぐに使えますが、「格安SIM」の場合は本体がないので、本体を別に用意することになります。「格安スマホ」にはあらかじめ「格安SIM」が入っていると理解できます。

● 格安スマホと格安SIMの違い

	本体	SIM
格安スマホ	○	○
格安SIM	別途用意	○

「SIMロック」のない「SIMフリースマホ」

SIMさえ入れ替えれば、別のスマホでも自分のスマホとして使えるようになります。たとえばドコモで契約したスマホをソフトバンクに乗り換えると、ドコモで契約した方のスマホからはSIMが抜かれます。その後、別のSIMをドコモで購入したスマホに装てんして、ドコモのスマホ本体も使い続ける……といったことができます。

そこで、携帯電話会社では、従来むやみな解約やキャリアの変更を抑えるために、「ドコモのスマホはドコモ回線のSIMしか使えない」という機能を設定していました。これを「SIMロック」と言います。

この「SIMロック」がない状態が「SIMフリースマホ」です。つまり「SIMフリースマホ」は、前述のような、「SIMだけ入れ替えて別の携帯電話会社のスマホとして使う」ことができるスマホです。また、SIMロックが設定されたスマホをSIMフリースマホにすることを「SIMロックの解除」と言います。

● 「SIMロック」の状態と「SIMフリー」の状態

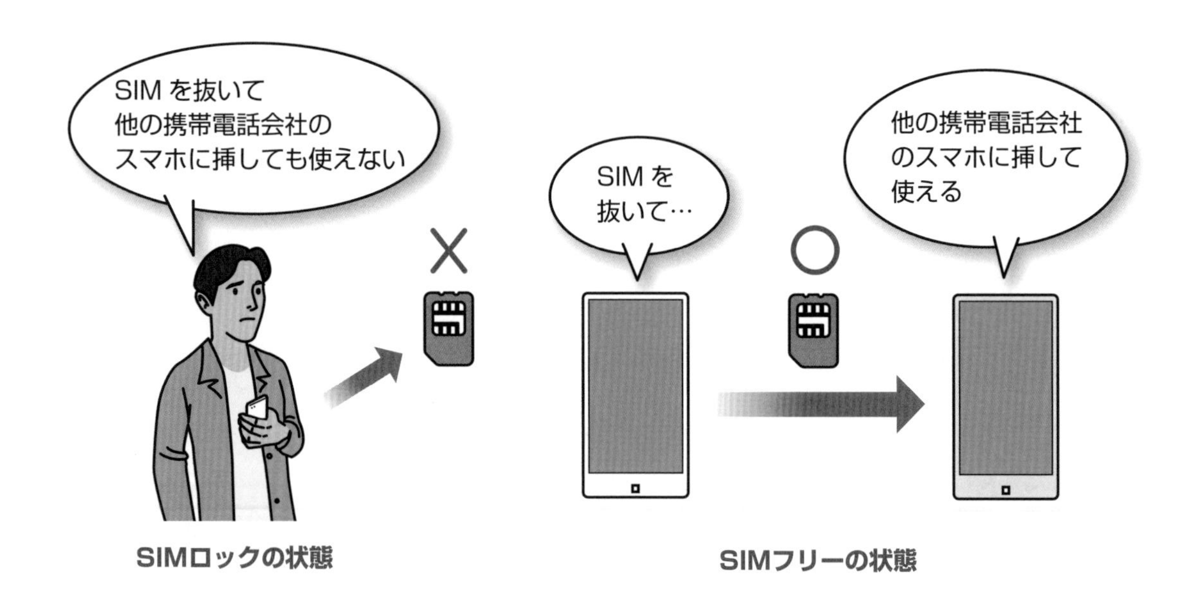

SIMロック解除の義務化

現在、携帯電話の販売では原則としてSIMロックを解除することが義務化されました。そのため現在では、SIMロックが設定されているスマホでも、申し込みによってSIMロックを解除して、SIMフリーのスマホにすることができます。SIMロックの解除は、各携帯電話会社のショップやWebサイトで手続きします。

iPhoneも使える「格安SIM」の組合せ方

以上でわかるように、「SIMフリースマホ」に「格安SIM」を取り付ければ「格安スマホ」になります。ほとんどの「格安スマホ」はこのように、「SIMフリー端末」に「格安SIM」を取り付けた状態で販売されています。

スマホで人気の「iPhone」も、アップルストアや一部の家電量販店では「SIMフリー版」が販売されています。「iPhone」の本体は9万円程度（iPhone13 mini、2021年10月現在）と決して安くはありませんが、格安SIMを組み合わせることで、毎月の利用料金を抑えることができます。

ところで、格安スマホの組合せ方は必ずしも「SIMフリースマホ」+「格安SIM」だけとは限りません。

たとえば自分が以前使っていたドコモのスマホでも、格安SIMがドコモの回線に対応していれば、ドコモのスマホのまま格安SIMを取り付けて、格安スマホとして使うことができます。格安SIMは必ずしもSIMフリースマホまたはSIMロックを解除したスマホで使う必要はありません。そこで、まだ使えるスマホを持っているなら、格安SIMだけを購入して、本体を買い替えずに格安スマホを使うことができるようになります。

はじめてスマホを使うときには本体と一緒に購入する必要がありますが、すでにスマホを持っていたり、欲しいスマホの機種を自分で選びたい人のために格安SIMが販売されているのです。

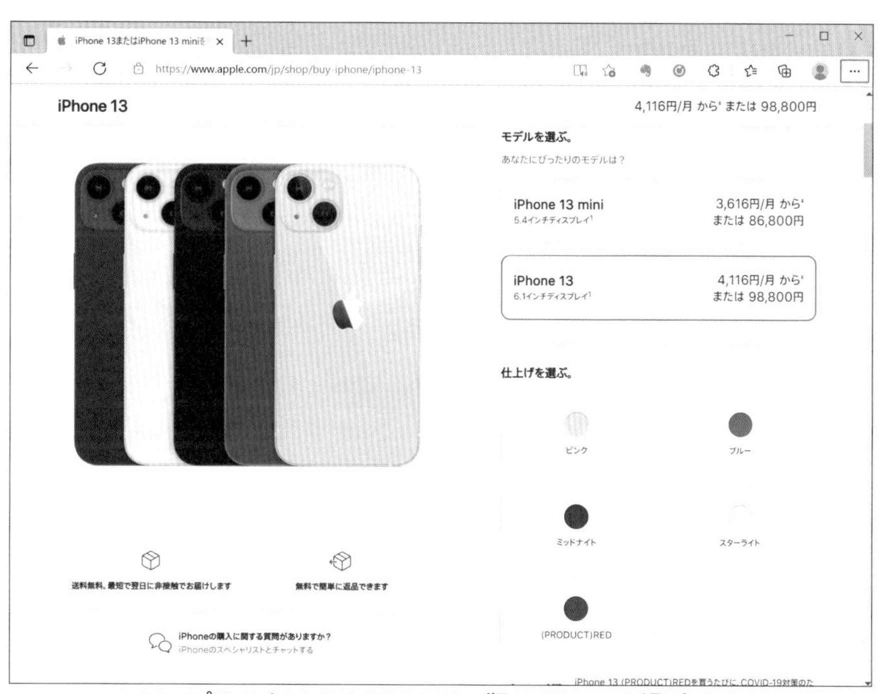

▲アップルストアではSIMフリー版のiPhoneが発売されている

携帯電話会社の組み合わせによっては使えないことも

スマホや携帯電話が利用する通話や通信の方式は、いくつかの仕組みに分かれています。その中でも「バンド」と呼ばれる周波数帯は細かく分かれていて、携帯電話会社によって使用しているバンドが異なります。日本では、ドコモ、au、ソフトバンク、楽天の4つのキャリアでそれぞれ複数のバンドを使っていて、共通のものもあれば違うものもあります。たとえば「n79」という4.5GHz帯のバンドはドコモ5Gしか使っていませんが、同じくドコモ5Gが使っている「n78」という3.7GHz帯のバンドはauも使っているので、「n78」に対応したスマホはドコモとauの5Gで使えることになります。現在多くのスマホはほとんどのバンドに対応していますが、ごくまれに「ドコモは使えるけれどauは使えない」といったこともあります。

セクション 18

シニア向けスマホと普通のスマホはどう違う？

シニア向けスマホの特徴

「スマホは欲しいけど難しそう」と思うなら、「シニア向けスマホ」に魅力を感じるかもしれません。「シニア向けスマホ」は「よりわかりやすく使える」スマホです。

「シニア向けスマホ」は「わかりやすい」スマホ

各社から発売されているシニア向けスマホは、電話やメールなど「よく使う機能」を「よりわかりやすく」使えるようにしたスマホです。たとえば、メールアプリの画面表示に通常は「送信」と書かれているボタンが、シニア向けスマホでは「メールを送信する」のように、平易な言葉で表示されています。またボタンやアイコンも大きく、よく使う機能がどこにあるのかがわかりやすい画面に工夫されています。

スマホでできることは通常のスマホと変わりません。アプリを追加して使うこともできますし、通話の品質やインターネットの速度も変わりません。シニアに限らず、スマホの使い方は難しいと思う初心者でも使いやすいスマホです。

● 「シニア向けスマホ」の画面は大きなメニューでわかりやすく構成されている

▲ワイモバイル　かんたんスマホ2

子どもの安全を守る「キッズケータイ」

「シニア向けスマホ」に対して、子ども向けの端末としては「キッズケータイ」が販売されています。「キッズケータイ」はスマホではありませんが、タッチパネルを使うなど、スマホに近い操作感を持っています。

「キッズスケータイ」は「安全に使える」ことが特徴です。機能を絞り、基本的には家族との通話に特化しています。Webサイトやインターネットメールは使えません。さらに防犯ブザーを搭載したり、位置情報で異常を察知すると家族に通知されるといったような、見守り機能が搭載されています。

● 「キッズケータイ」は「安全」に配慮されている

▲NTT ドコモ　キッズケータイ　SH-03M

セクション 19

携帯電話会社を変えるメリット、デメリット

MNPの概要

欲しいスマホが特定の携帯電話会社でしか販売されていないなど、携帯電話会社を変えたいときに、どのようなメリットがあり、デメリットがあるのでしょうか。

大手携帯電話会社の料金や品質はほぼ横並び

今はドコモ、au、ソフトバンク、楽天モバイルといった大手携帯電話会社の間で熾烈な顧客獲得合戦が続いており、もっとも気になるのは料金の差です。現在では、料金は楽天モバイルを除く3社ではほぼ横並びで、「特にどこが安い」といったことはありません。したがって、料金から携帯電話会社を選ぶ理由は少なくなり、携帯電話会社を変えてもメリットはほとんどありません。

次に気になるのが「つながりやすさ」。日本全国を全体的に見れば、つながりやすさもほぼ同じです。ただ、「ドコモは遠隔地でも強い」、「auは人口が密集している都心部で安定している」「ソフトバンクは大都市で平均的に安定している」など、各社の「強み」があります。ただそれでも、特定の場所で使用に困るほどつながらない、つながりにくいということはなく、あまり気にする必要はないでしょう。

なお2020年にサービスを開始した楽天モバイルでは、自社の通信エリアは拡大途中でまだ限られていますが、自社のエリア外ではauの回線を利用するため、全国で利用できます。また料金プランは各社が割安で設定しているオンライン契約専用プラン（セクション21参照）に近い値段になっています。

● 大手携帯電話会社の代表的な料金プランの例

	ドコモ 5Gギガホプレミア	au ピタットプラン5G	ソフトバンク メリハリ無制限	楽天モバイル Rakuten UN-LIMIT VI
プラン基本料金	7,315円	7,238円	7,238円	0円～3,278円
データ通信量上限	無制限	無制限	無制限	無制限
通話無制限オプション	1,870円	1,980円	1,980円	0円※
合計	9,185円	9,218円	9,218円	0円~3,278円

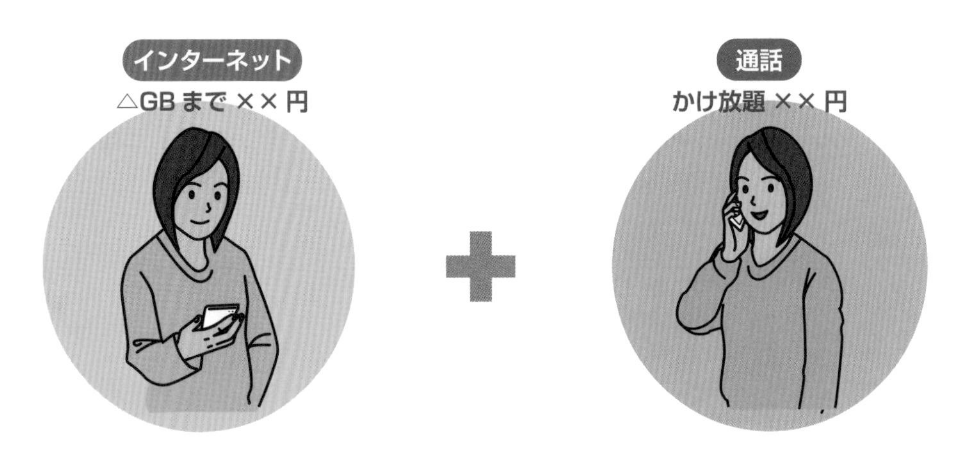

MNPや解約時にはスマホの「割賦払い」を確認

MNP（モバイル・ナンバー・ポータビリティー）は、電話番号をそのまま変えずに、携帯電話会社を変えられるサービスです。かつては携帯電話会社を変えるときの最大のデメリットだった「電話番号が変わってしまう」ことがMNPによってなくなり、携帯電話会社の乗り換えがしやすくなりました。

ただし、今使っているスマホを「割賦払い」で購入した場合は注意が必要です。割賦払いは、スマホを24カ月〜48カ月程度で毎月の利用料金と一緒に分割払いする買い方です。MNPで携帯電話会社を変えるときに、割賦払いの残債がある場合は、残債を一括で支払う必要があります。また「48回払いで2年後に機種変更すれば残債は免除」のような下取りを前提にスマホを割安で購入した場合も同様です。

携帯電話会社はできるだけ長い期間、顧客にスマホを自社で使ってほしいことから、同じ系列の会社のインターネット接続やケーブルテレビと一緒に契約すると割引になるといったさまざまな「工夫」をしています。MNPの前には、これらの携帯電話に紐づいた契約についても確認が必要になります。

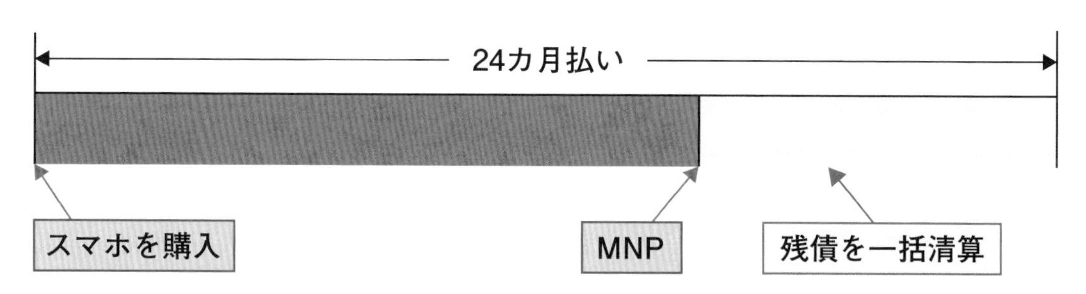

携帯電話会社の電子メールのアドレスは変わる

MNPを使えば、電話番号はそのまま携帯電話会社を変えられますが、携帯電話会社の電子メールのアドレスは変わってしまいます。携帯電話会社の電子メールは、「ケータイメール（キャリアメール）」とも呼ばれ、携帯電話会社が独自で行っているメールのサービスです。

・ドコモ	○○○@docomo.ne.jp
・au	○○○@ezweb.ne.jp
・ソフトバンク	○○○@softbank.ne.jp ／ ○○○@i.softbank.ne.jp

これらはMNPで携帯電話会社を変えると、元の携帯電話会社では自動的に解約され、新しい携帯電話会社で新しいメールアドレスを取得します。

より自由度を高めるためにケータイメールも持ち歩けるような仕組みも検討されていますが、スマホでは「Gmail」などインターネットメールの利用も普及していますし、「LINE」などアプリでメッセージをやり取りする方法もありますので、携帯電話会社の電子メールは少しずつ利用が減っています。

ドコモのケータイメール▶「ドコモメール」。格安スマホではドコモの回線を使っていてもドコモメールは使えない

セクション 20

本体はいくら？実質価格って？

実質価格の意味

スマホは数万円する高価なものとも言われ、一方で、携帯電話販売店では「実質0円」のような安い表示も見られます。いったい本当はいくらなのでしょうか？

基本は一括数万円か、その金額を24回で分割払い

携帯電話販売店でも家電店でも、店頭に並んだスマホの値段を見ると、いろいろと書かれていて、すぐには理解できないかもしれません。0円から数万円まで、いろいろな値段が書いてありますが、実際に、スマホの値段はいくらなのでしょうか？

スマホはどれでも「5万円以上する高価な機器」と考えて間違いありません。その数万円の値段に対して、支払い方法やさまざまな割引プランで、実際に支払う金額が変わってくる仕組みになっています。

セクション14でも少し触れましたが、スマホの買い方には「新規契約」と「機種変更」と「MNP」があり、それぞれで値段は変わってくるのですが、値段の見方はどれも同じなので、ここでは一例を挙げて見てみましょう。

	新規契約
実質価格	**32,400**
頭金	0
割賦価格	2,850
一括支払価格	68,400
毎月割引	1,500
長期割引（10年超）	10,000

このスマホの値段は「68,400円」です。

ただ、高額な買い物なので、一度に支払うのは難しいかもしれません。そこで携帯電話会社では「割賦販売」（分割払い）を行っています。通常は24カ月に分ける「24回払い」ですが、クレジットカードの分割払いとは少し違い、利息はつきません。また、月々の支払額は毎月の通話料や通信料と合わせて請求されます。つまり、実際には一括で買っても分割で買っても、支払う金額はまったく同じです。つまり、以下のようになります。

割賦価格×24＋頭金＝一括支払価格
＝スマホの値段

スマホのおおまかな価格の傾向

スマホの価格は年々上昇しており、大手携帯電話会社が販売する最新機種では8～12万円程度にもなります。一方で格安スマホでは3～5万円程度の機種が多く販売されていますが、一般的に高機能製品や国内メーカー製品が割高になる傾向があります。

「実質価格」の意味は？

スマホを買うときには、しばしば「実質○○円」という表示を見かけます。「実質」とはいったいどのような状態のことでしょうか。

前ページの例でも、いちばん上に大きく「実質価格」と書かれています。

携帯電話会社では、スマホの購入と同時に契約するプランの種類などにより一定期間、請求額から割り引くことがあります。割引金額はスマホの機種や購入時期によって変わりますが、通話料や通信料に加え、分割で購入した場合の毎月の支払額などを合計した全体の請求金額から、一定額を割り引く仕組みです。割り引きの有無にかかわらずスマホの通話料や通信料は変わらないとすれば、実際には、この割引金額は「スマホの毎月の支払額から割り引く」と考えられます。

したがって、その割引額の合計を、スマホの金額から差し引けば、「実際にスマホの購入で支払う金額」となります。これが「実質価格」です。

ただ、毎月に分けて割り引かれる期間は決まっているので、途中で解約すると、それ以降は無効になります。つまり実質価格とは、「1台のスマホを料金の割り引き期間まで使った場合の、スマホの実質的な値段」を意味します。つまり、以下のようになります。

実質価格＝スマホの値段－（毎月割引）×割引期間

このような割引は、特に、旧機種の在庫を売り切りたいときや、MNPで他社から顧客を呼び込みたいときには、大きな割引額を設定して低い実質価格になることがあります。

● **実質価格がゼロ円の場合の例**

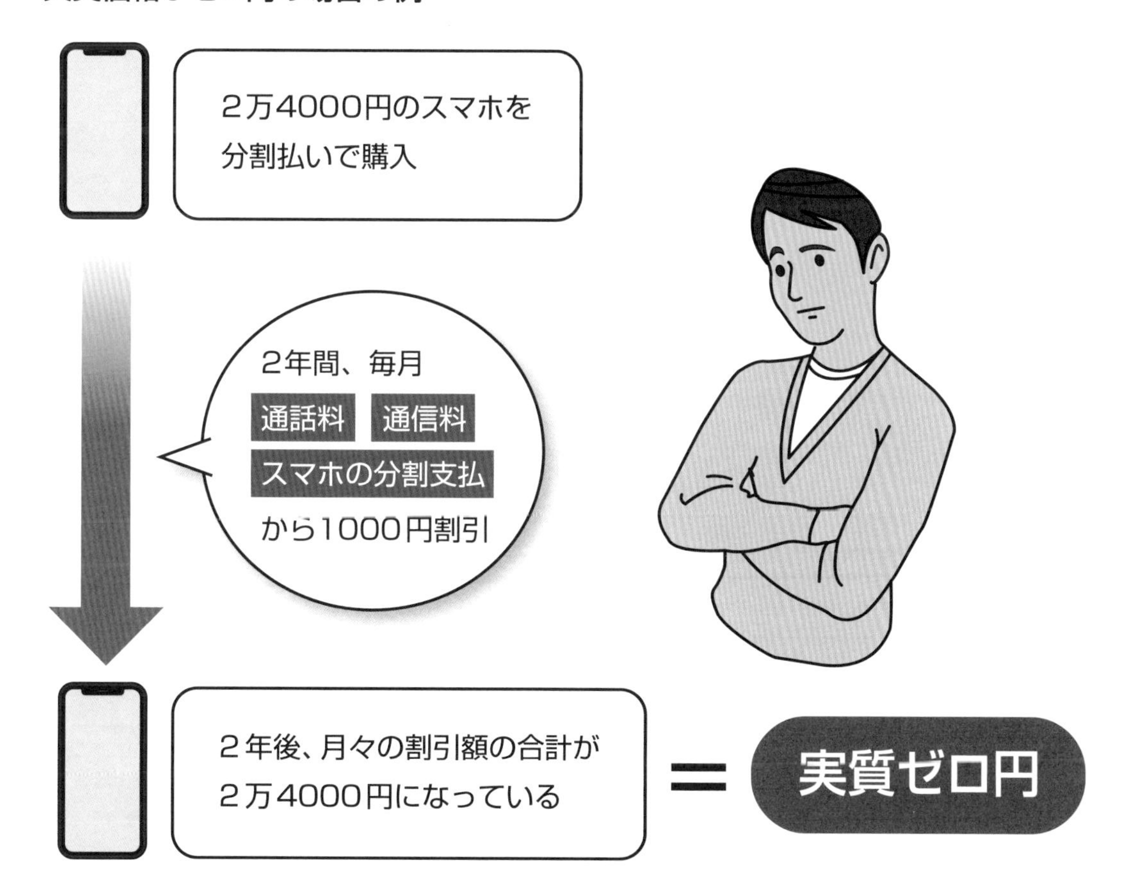

セクション

21 月々の料金はいくらくらい？

料金明細の見かた

スマホは使いすぎると利用料金が高くなるイメージを持っているかもしれません。あらかじめ月間の利用料金の目安を知っておくと、使いすぎも防止できます。

おおむね1回線あたり5千円～1万円が目安

特に興味がない限り、スマホの料金はわかりにくいのが現実です。「実際いくらぐらいかかるのか？」、「使いすぎたらどうなるのか？」という不安もあるでしょう。スマホを買うときに、店頭でおおまかな料金を聞いてみたものの、明細を見てもよく理解できず、合計金額を請求されるままに支払っている人も少なくありません。明細を理解すれば、料金の無駄もわかり、節約にも結びつきます。

一般的な料金の明細を1つずつ見てみましょう。

第2章

● 2回線を契約している人の明細例

090-XXXX-XXXX			
	金額	内訳金額	
基本使用料 ❶	5,400		
		6,400	データ7GBプラン
		-500	家族割引 ❷
オプション使用料 ❸	3,080		
		300	留守番電話
		300	インターネット接続サービス
		500	セキュリティオプション
		1,980	通話かけ放題
端末割賦支払金 ❹	2,580		
		2,580	24回分の14回目
毎月割引 ❺		-1,000	
小計		10,560	❻
080-XXXX-XXXX			
	金額	内訳金額	
基本使用料	3,300		
		3,800	データ3GBプラン
		-500	家族割引
オプション使用料	3,080		
		300	留守番電話
		300	インターネット接続サービス
		500	家族データ共有オプション ❼
		500	セキュリティオプション
		1,980	通話かけ放題
端末割賦支払金	1,800		
		1,800	
毎月割引		-780	
小計		7,900	
利用料金合計		18,460	
消費税		1,846	
合計		20,306	❽

まずこの明細では、家族でスマホを2台持っていることがわかります。それぞれの回線について、明細を確認しましょう。「基本使用料」(❶)は、スマホを使う上で基本となるプランの料金です。現在はデータの使用量によっていくつかのプランに分かれていて、この場合はデータ利用無制限のプランを利用していることがわかります。また、家族で複数の回線を使っているので、家族割引(❷)で、回線ごとに500円の割引が適用されています。次に「オプション使用料」(❸)では、留守番電話やインターネット接続など、基本料金以外に追加したさまざまなサービスの料金が書かれています。基本使用料とオプション使用料に、スマホを24回払いで購入したときの分割支払額(❹)に、さらにプランなどの契約条件によって追加された「毎月割引」(❺)を合算すると、1回線目の料金は10,560円となります(❻)。

2回線目を見ると、基本使用料は同じですが、オプション使用料に「家族データ共有オプション」(❼)があります。これは、2回線目以降は一定額を支払うことで、1回線目で契約したデータ通信量を共有できるオプションです。このオプションを使うと、2回線目はデータ少量プランでも、一定の条件で1回線目のデータ使用量の残りを共用できるようになります。

また、分割支払いの金額と毎月の割引額は、機種や購入時期によって異なりますので、1回線目と2回線目は金額が違います。

2回線目を合算すると7,900円となり、1回線目と2回線目の利用料を合計した18,460円に消費税を加えた20,306円が今月の支払額となります(❽)。

大手携帯電話会社のオンライン契約専用プラン

以前から「日本の携帯電話料金は高い」という印象がありました。そこに国の政策も加わり、大手携帯電話会社では割安のプランを追加しました。特に目立つのが「オンライン契約専用プラン」で、おおむね「データ通信が20GBなら3,000円程度、3GBなら1,000円程度」という、これまでの標準的なプランに比べればかなりお得なプランになっています。

ただし、これらのプランは基本的にオンラインでの契約に限られ、各社のブランドショップでは契約ができません。またサポートもすべてオンラインになるので、「わからないからショップに聞きに行く」ということができません。つまり、ある程度は自分でできる人に向けたプランとなっています。

また、ケータイメール(キャリアメール)が使えなくなるほか、留守番電話など一部のオプションサービスも利用できないといった制限もあります。

これらのプランは、従来の大手携帯電話会社のプランと格安スマホの間ぐらいに位置するものとなっています。手続きや疑問の解決を自分でできる人や、身近な家族にいつでも聞けるような人であれば、検討してみてもよいでしょう。これまでの大手携帯電話会社を使ったまま、利用料金を節約することができるようになります。

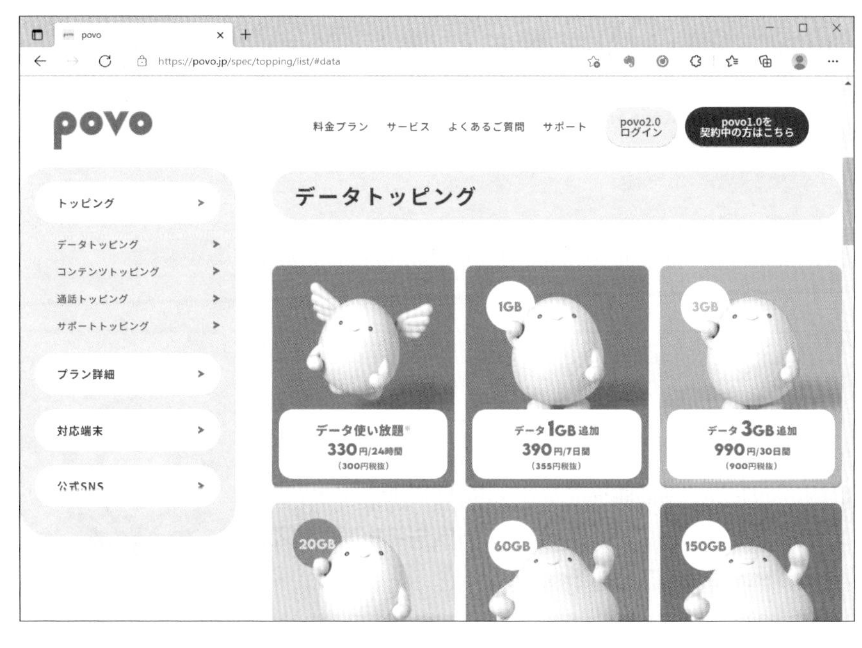

◀auのオンライン契約専用プラン「povo2.0」。何も使わなければ0円で、必要なときに必要なデータ容量や通話プランを足していく「トッピング」という新しい考え方。

セクション 22

入っておくべきオプションは？

主なオプション契約

「電話とネット」が基本のスマホ。スマホにはこれらをより便利に使うさまざまなオプションがあります。「あると便利なオプション」を使いこなしましょう。

電話のオプション

電話を使うときに、誰もが役立つ便利なオプションは「留守番電話」でしょう。この他に、通話中に別の着信があったときにも電話を受けられる「キャッチホン」、着信を他の電話番号に転送できる「転送電話」など、いくつかのオプションがあります。必要なオプションだけ契約すればよいのですが、大手携帯電話会社ではこれらのオプションをセットで契約すると割引になるパッケージ料金が設定されています。「留守番電話だけでいい」と思っても、ほんの少しの負担を気にしなければ、すべて契約しておくのもよいでしょう。

電話に関する主なオプションには、次のような機能やサービスがあります。なお格安スマホや大手携帯電話会社の一部の割安プランではオプションが利用できないこともあります。

- **留守番電話**
- **キャッチホン**
- **転送電話**
- **メロディーコール**（呼び出し音にメロディーを流せる）
- **三者通話**（3人で話せる）
- **迷惑電話撃退**（登録した電話番号からの着信を拒否する）

ネットのオプション

スマホはインターネット機能が充実していますので、それぞれの使い方によって、便利なオプションがいろいろ提供されています。より安く利用することや、より快適に利用するためのオプションが豊富で、使い方に合わせて選択すると、インターネットを使いこなし、楽しめるようになります。また、無料で使えるオプションも多く、契約時は必要性を感じなくても、無料であれば契約しておき、試して便利に感じたら使い続けるといった選択もできます。

ネットに関する主なオプションには次のような機能やサービスがあります。

- **データ共有**（月間のデータ通信使用量を家族で分け合える）
- **データ追加**（月間のデータ通信使用量が上限に達した場合に買い足す）
- **自動データ追加**（月間のデータ通信使用量が上限に達した場合に自動的に追加する）
- **Wi-Fiスポット利用**（公衆無線LANを利用して高速インターネットを使う）
- **テザリング**（ノートパソコンやタブレットからスマホを通じて外出先でも通信する）
- **ウイルスチェック**（メールやネットのウィルスを監視する）

安全に使うためのオプション

電話でもネットでも、便利な反面、危険に巻き込まれることもあります。詐欺や個人情報の盗み取りなど、悪意のある行為から身を守るには、自分で対策をするしかありません。そこで携帯電話会社では、スマホを安全に使うために役立つさまざまなオプションを用意しています。これらは、無料のものと有料のものがありますが、特別な理由がない限り契約して、利用するようにしましょう。もちろん「利用しているから大丈夫」ではなく、普段から気をつけて使うことを心がけるのは言うまでもありません。

また、子どもや未成年の利用に対しては、有害コンテンツを遮断したり、迷惑メールを拒否する対策は不可欠です。

安全に関するオプションには次のような機能やサービスがあります。

- **迷惑メール対策**
- **ウイルスチェック**
- **有害コンテンツ遮断**（有害なホームページなどを表示しない）
- **ペアレンタルコントロール**（保護者が使える機能を選択、設定する）
- **迷惑電話撃退**（登録した電話番号からの着信を拒否する）

また、「通話定額」や「データ通信定額」も、使いすぎて高額な料金請求になることを防止するという意味では、安全のためのオプションに含まれるでしょう。

不要なオプションは加入しない

オプションにはさまざまな機能やサービスがあります。スマホを買うときに、オプションの加入を条件に割引になることもあります。しかし、不要なオプションを無理に加入することは無駄ですし、有料のオプションであれば月額費用がかかります。買うときにどうしても契約しなければならないオプションでも、不要であれば、「加入していなければならない期間」の後に解約することで、無駄を抑えられます。

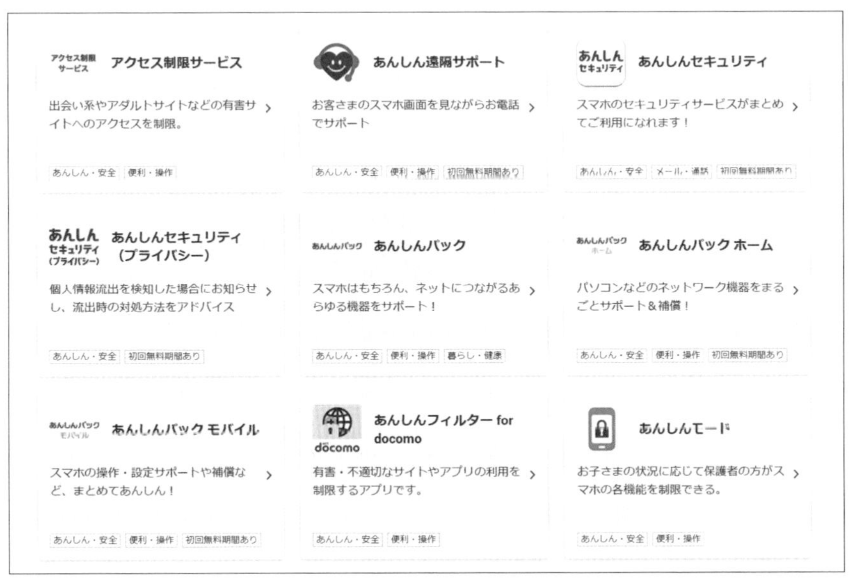

◀携帯電話会社のホームページには、スマホを安全に使うためのサービスやオプションが案内されている。これらを事前に確認して、加入するオプションを決めたり、携帯ショップで必要かどうかを確認しよう

セクション
23 サービスの解約方法は？

サービスの解約

有料のオプションやサービスが不要になったら解約します。解約しないままでは、使わなくても毎月利用料金がかかりますので、忘れずに解約手続きを行います。

ほとんどの解約は画面上で操作する

携帯電話会社と契約するオプションや、ゲームや音楽配信などをはじめとするコンテンツサービスなどを解約したいときには、ほとんどの場合、それぞれのアプリやホームページ上で手続きを行います。スマホでホームページを表示し、解約手続きのページを探します。特にコンテンツサービスでは、解約を避けるために、解約手続きのページがなかなか見つけられないこともありますが、必ずありますので、メニューをひとつずつ確認しましょう。

また携帯電話会社の料金プランやオプションの契約は、携帯電話会社ごとの「お客様サポート」ページを利用すると手続きできます。ただし回線の利用に関わる契約など、一部は携帯電話販売店の窓口で手続きをする必要があります。

携帯電話会社の「お客様サポート」や「マイページ」から、料金プランやオプションの変更ができます

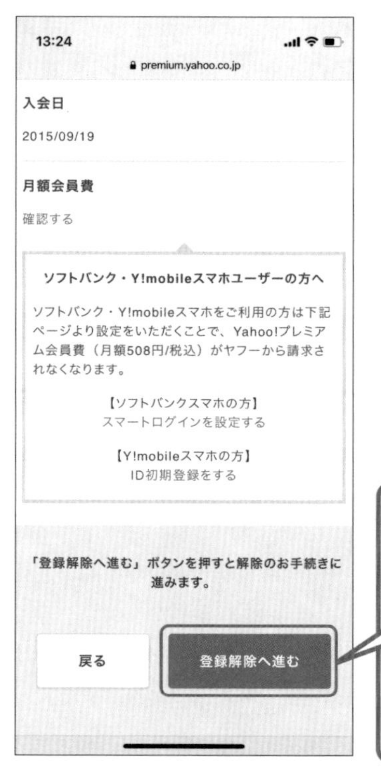

ゲームや音楽配信などのコンテンツサービスでは、アプリやそれぞれのホームページから解約手続きを行います

料金の多くは月額単位

オプションやサービスのほとんどは、月額単位で料金がかかります。月が変わると新たに1カ月分の料金がかかってしまいますので、忘れずに月末までには解約しましょう。

第3章 スマホを買ったら、まずは確認しよう、やっておこう

この章では、スマホを買ったら最初に確認しておきたいこと、準備しておきたいことを説明します。画面やボタンの名前や使い方、ホーム画面やアカウントの意味、最初に設定しておくこと、メールの使い方などをまとめました。なお、この章では、iPhoneを基本に説明し、Androidのスマホの違う点も説明しています。

セクション

セクション

24 スマホ本体、各部の名称と意味

ボタンやスイッチの役割

まずは、スマホについているボタン類やカメラの位置、名称や働きを確認しておきましょう。本体の正面と背面のボタンの名称と役割を説明します。

iPhoneの各部分の名称と働き（iPhone 13の場合）

● 正面

● 背面 / 側面

❶**ディスプレイ**
スマホの操作をする画面です。

❷**内側カメラ**
自分を撮影したり、ビデオ通話のときなどに使います。

❸**カメラ**
写真やビデオ撮影のカメラのレンズです。

❹**フラッシュ**
カメラのフラッシュです。

❺**電源ボタン（サイドボタン）**
電源を入れる、切るなどを行うためのボタンです。

❻**着信 / サイレントスイッチ**
マナーモードの切り替えスイッチです。

❼**音量ボタン**
音量の調整をします。

iPhoneのホームボタン

一部の機種を除くiPhoneには、「ホームボタン」がありません。画面を下から上へスワイプすることでホーム画面を表示します。また、右側面には「サイドボタン」があります。サイドボタンは画面が暗くなったスリープ状態から戻すのに使います。また、ボリュームボタンの下とサイドボタンを長押しすると、電源を切ることができます。

第3章

Androidのスマホの各部分の名称と働き

Androidのスマホは、メーカーや機種によってデザインが異なっていることが特徴です。正面にあるボタンの数は基本的に3つです。ボタンが画面に表示される機種もあります。ここではサムスン電子の「Galaxy A52 5G（ギャラクシー エーフィフティツー ファイブジー）」（NTTドコモ）を例に説明します。

● 正面

● 背面

❶ディスプレイ
スマホの操作をする画面です。

❷ホームボタン
ホーム画面（基本の画面）に戻るボタンです。

❸アプリ使用履歴ボタン
最近使用したアプリの一覧を表示して、すばやくアプリを起動できるボタンです。

❹戻るボタン
前の画面に戻ったり、アプリを終了したりするボタンです。

❺内側カメラ
自分を撮影したり、ビデオ通話のときなどに使います。

❻サイドキー
電源を入れる、切るなどを行うためのボタンです。

❼音量キー
上を押すと音量をアップし、下を押すと音量をダウンします。

❽フラッシュ
カメラのフラッシュです。

❾カメラ
写真やビデオ撮影のカメラのレンズです。

❿スピーカー
通話や音楽、各種の音を聴くときのスピーカーです。

スマホのカバーを選ぶときに注意したいこと

スマホは機種によって、カメラやフラッシュ、スピーカーの位置が異なります。スマホのカバーを買うときは、これらをふさいでしまわないように気をつけましょう。せっかくの機能が使えない、音が聞こえにくいといったことになりかねません。機種に合ったスマホのカバーを選びましょう。

セクション 25

ホーム画面の見かたと仕組み

ホーム画面の使い方

「ホーム画面」は、スマホでしたいことを選ぶ基本の画面です。スマホの操作は、ホーム画面からスタートします。

iPhoneのホーム画面の使い方

スマホのさまざまなアプリや機能を利用したり、設定を変更するための基本画面。これが「ホーム画面」です。ホーム画面には、「アイコン」と呼ばれるボタンのようなものが並んでいます。このアイコンは、機能を呼び出したり、アプリを起動したりするためのものです。アイコンに指で触れる「タップ」という操作をすると、アプリが起動し、画面が切り替わります。

右上から下にスワイプすると、コントロールセンターを表示します(iPhone X以降)

アイコンをタップして、iPhoneで使える機能やアプリを起動します

指で画面を左右にさっと動かす「フリック」をすると画面が切り替わります

電話、メッセージ、インターネット、音楽を聴くなどのよく使う機能のアイコンが、画面の下に並んでいます

ホーム画面の表示の方法

iPhoneでは画面を下から上にスワイプしてホーム画面を表示します。なおiPhoneSEについては「ホームボタン」を押してホーム画面を表示します。

ホーム画面を自分好みにするには

並んでいるアプリの場所や画面を切り替えたい、ホーム画面の背景を変えたい。スマホに慣れてきたら、ホーム画面を自分の好みに「カスタマイズ」して使えます。カスタマイズする方法は、セクション65「ホーム画面の並びを使いやすくするには」を参照してください。

Androidのスマホのホーム画面の使い方

Androidのスマホのホーム画面は、メーカーや携帯電話会社によって異なります。携帯電話会社やメーカーの個性が出たホーム画面を持っています。共通しているのは、電話、メール、インターネットのような基本機能のアイコンが画面の下に並んでいることです。

そのほかには、携帯電話会社が提供しているサービスのアイコンが表示されています。下の図は、GoogleのAndroidスマホ（Pixel）のホーム画面です。Androidスマホの中では比較的シンプルな画面構成になっています。

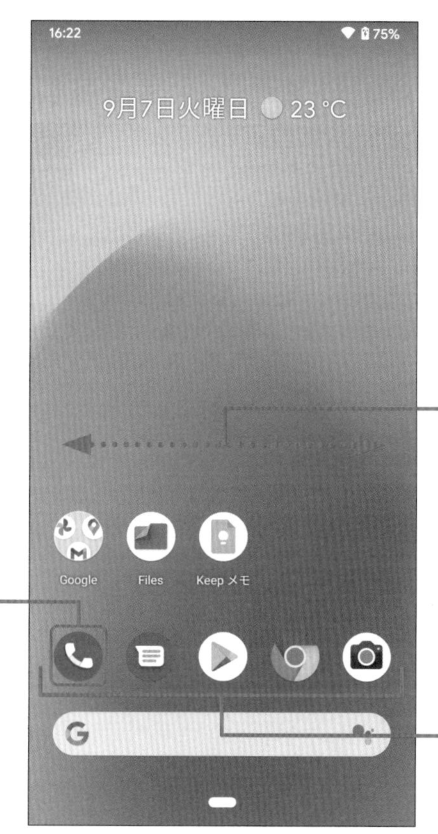

指で画面を左右に動かす「スワイプ」をすると、画面が切り替わります

アイコンをタップして、Androidのスマホで使える機能やアプリを起動します

電話、SMS、アプリストア、インターネット、カメラとよく使う機能のアイコンが、画面の下に並んでいます

Androidのホーム画面で使える便利なグループ

Androidのスマホでは、ホーム画面にGoogleのサービスをまとめてグループにしたアイコンが用意されていることがあります。Google検索をはじめ、音声検索、Gmail(メール)、マップ、カレンダー、YouTubeとGoogleが提供している便利なサービスがまとまっています。どれもクラウドと呼ばれるインターネット経由で利用するサービスですから、パソコンでもスマホでも同じサービスを使いたいという人なら特におすすめです。

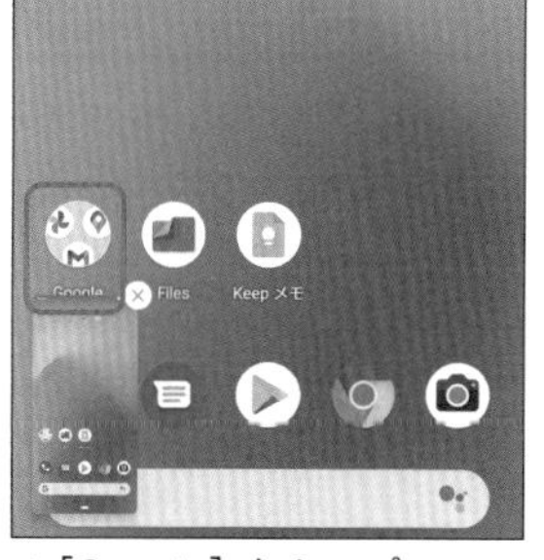

▲[Google] をタップ

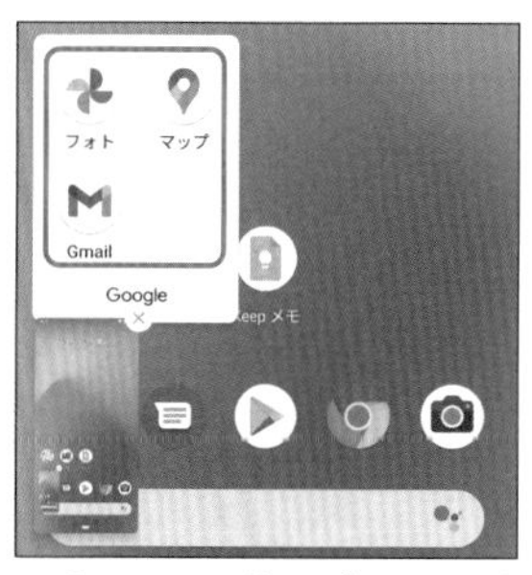

▲Googleのサービスのアイコンがまとまっているので、使いたいサービスをタップして利用

セクション

26 スマホの「アカウント」って何？

アカウントの意味と役割

スマホでは、様々なサービスを利用できます。サービスを利用するときに、本人であることを証明するのが「アカウント」です。

iPhoneのアカウントの使い方

iPhoneでは、Apple ID（アップル・アイディー）と呼ぶアカウントを使います。このApple IDは、アップル社が提供するサービスを利用するためのアカウントで、取得すると右のようなサービスを利用できます。

Apple IDの新規登録の方法は、初めて使うときの一連の設定の操作の中で行います。具体的な手順は次のセクションで説明します。

Apple IDで利用できるサービスの一例
- App Storeでの有料アプリの購入
- iTunes Storeでの楽曲やビデオの購入
- 電子書籍サービスiBooksでの購入
- クラウドサービスiCloud利用

第3章

アカウントを使って本人かどうかを確かめるには、Apple IDとパスワードの組み合わせが正しいかどうかが確認されます。これを「認証」と呼びます。
認証が必要な場面になると、Apple IDのパスワード入力画面が表示されます。登録しているパスワードを正確に入力しましょう。

● アカウント認証の流れ

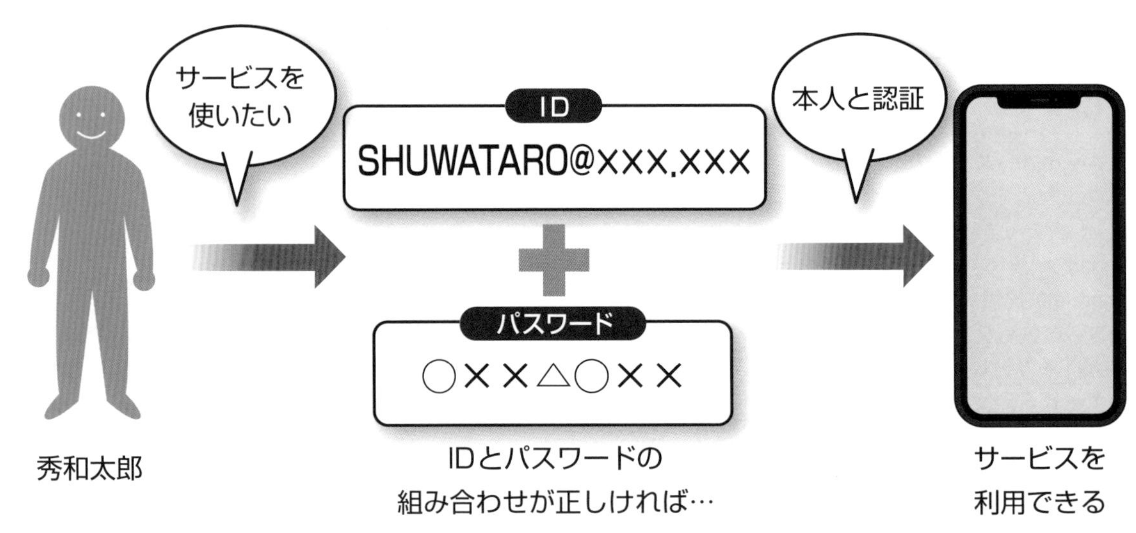

Androidのスマホのアカウントの使い方

Androidのスマホのでは、Google(グーグル)アカウントを使います。このGoogleアカウントは、グーグル社が提供するサービスを利用するためのアカウントで、取得すると右のようなサービスを利用できます。

スマホで使うGoogleアカウントは、スマホを買ったときに携帯電話販売店で新規登録してもらいます。Googleアカウントは、Gmail(ジーメール)のメールアドレスを兼ねています。すでにパソコンなどで使っているGoogleアカウントを持っている場合は、購入時にそのアカウントを設定してもらうこともできます。

Googleアカウントで利用できるサービスの一例

- Play ストアでの有料アプリやコンテンツの購入
- メールサービスGmail(ジーメール)の利用
- 動画共有サイトYouTube(ユーチューブ)への投稿
- ブラウザChrome(クローム)のお気に入りの登録
- スケジュール管理のGoogleカレンダーの利用

アプリの検索、購入サイト「Google Pay」で有料アプリを選択すると、Googleアカウントと支払方法の一覧が表示されます。購入方法を選択し、Googleアカウントである Gmailアドレスを確認し、パスワードを入力します。登録しているパスワードを正確に入力しましょう。

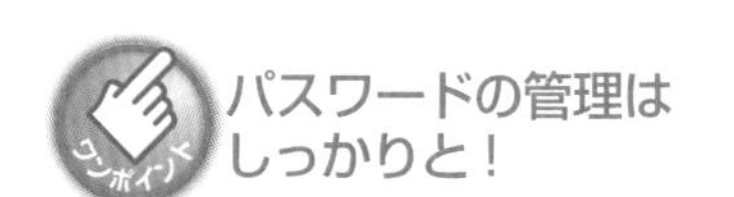

パスワードの管理はしっかりと!

Apple IDもGoogle アカウントも、支払いのためのクレジットカード情報を登録できます。こうした重要な情報が登録されているアカウントが悪用されないようにするには、パスワードを正しく管理することが大切です。

パスワードを登録するときは、他の人に推測されないようなものを使いましょう。英文字と数字を組み合わせて設定します。他のアカウントで使っているパスワードを使い回しするのもよくありません。パスワードは忘れないように、人に見られないノートなどに記録して保管しておくとよいでしょう。

携帯電話会社のアカウントとはどう違う?

ドコモやau、ソフトバンクにも、それぞれのアカウントがあり、パスワードが設定されています。これらのアカウントは、携帯電話会社のサービスやサポート、ポイント制度を利用するときに使います。

スマホを購入したときに確認し、Apple IDやGoogleアカウントともに記録し、保管しておきましょう。

セクション 27

スマホを使い始める前の初期設定を行おう

最初の設定

スマホを購入して電源を入れたら、まず初期設定をしましょう。基本の設定だけしておけば、後から設定すればよい項目は省略して大丈夫です。

iPhoneの初期設定をする

1 画面をスライドする

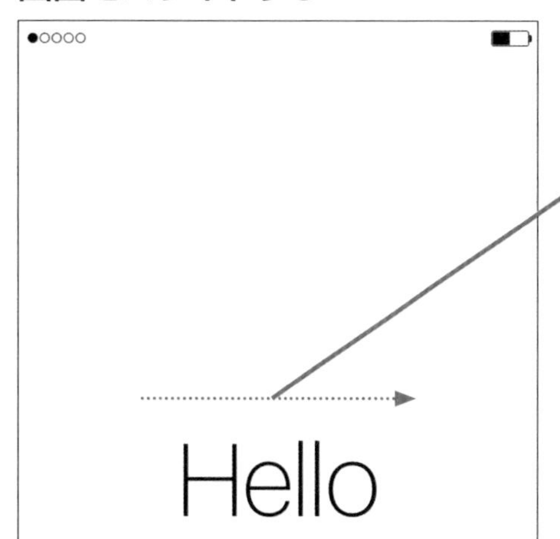

購入後に画面を表示すると、この画面が表示されます

1 画面を右にフリック

不安なときは携帯電話会社のお店で済まそう

「初めてスマホを使うので、初期設定ができるか不安…」こんなときは、携帯電話会社のお店で購入するときに、店員さんに聞いてその場で済ませましょう。

2 言語を選択する

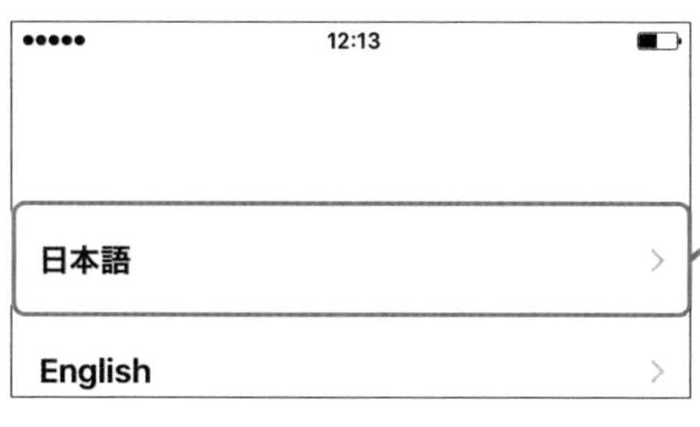

使用する言語の選択画面が表示されます

1 **日本語**をタップ

3 地域を選択する

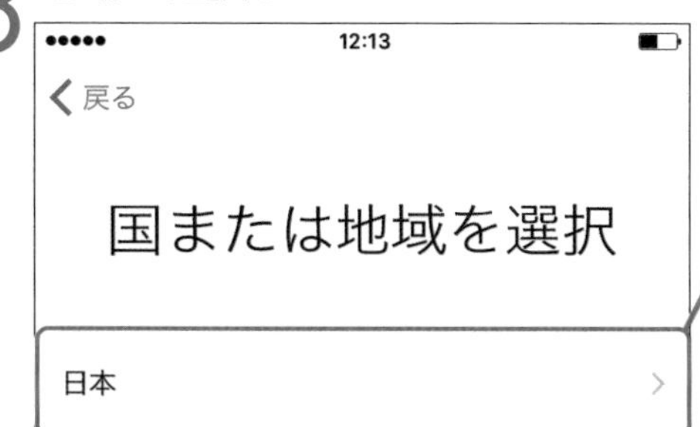

iPhoneを使用する地域の選択画面が表示されます

1 **日本**をタップ

第3章

4 キーボードを選択する

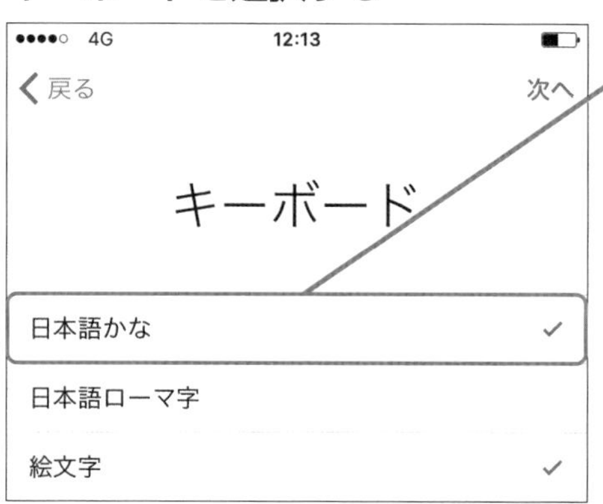

1 使用するキーボードをタップ

「日本語かな」が選択されている状態で使います

5 使用する回線を選択する

1 接続したいWi-Fiネットワークをタップ

接続できるWi-Fiネットワークを選択します

Wi-Fiネットワークに接続できない場合は、画面をスクロールして、**モバイルデータ通信回線を使用**をタップします

Wi-Fiネットワークの設定方法については、セクション63を参照してください

6 Touch IDやFace IDの設定をスキップする

1 **Touch ID（またはFace ID）を後で設定**をタップ

iPhoneでは機種によって、顔認証の「Face ID」の設定または指紋認証の「Touch ID」の設定が表示されます

ワンポイント 後から変更するときは「設定」画面から

画面に次々と表示される設定の内容は、スキップして後からでも変更できます。設定画面を表示するには、ホーム画面で［設定］をタップします。設定画面でWi-Fiなどを設定し、［一般］から言語と地域、キーボード認証などを変更できます。

▲［一般］から日付や時刻、言語やキーボード認証を変更できる

7 位置情報サービスをオンにする

く戻る

位置情報サービス

位置情報サービスをオンにする

位置情報サービスをオフにする

1 **位置情報サービスをオンにする**をタップ

8 新しいiPhoneとして設定する

1 **新しいiPhoneとして設定**をタップ

9 Apple IDを作成する

1 **無料のApple IDを作成**をタップ

10 IDとパスワードを入力する

1 「Apple ID」として利用するメールアドレスを入力

アプリの購入など色々な場面でこのApple IDを利用します

2 パスワードを入力

位置情報サービスをオンにするとできること

スマホは、自分のいる位置情報を測定し、利用する機能を持っています。例えば地図アプリを使っているときに、位置情報サービスをオンにすると、現在地をマークすることができます。Twitter(ツイッター)のようなソーシャルネットワーキングサービス(SNS)でも、位置情報とともにつぶやきを投稿できるようになります。

今いる場所の情報を使いたくないときは、位置情報サービスをオフにします。

顔で本人認証する「Face ID」

iPhone X以降では、Touch IDの代わりに、顔の画像を使って持ち主を認証する仕組み「Face ID(フェイス・アイディー)」機能があります。iPhoneを使い始めるときに設定できますし、後から設定することもできます。

[設定]をタップして、[Face IDとパスコード]を選択し、画面に従って顔の画像を登録します。

▲Face IDの機能で自分の顔を登録して、認証に活用できる

第3章

11 利用規約に同意する

く戻る
利用規約
お客様のiOSデバイスを使用…
ェア使用許諾契約（以下「本契約」といいます）に関する
ソフトウェアアップデートをダウンロードする前に、本契…
同意しない　同意する

利用規約が表示されます

1 **同意する**をタップ

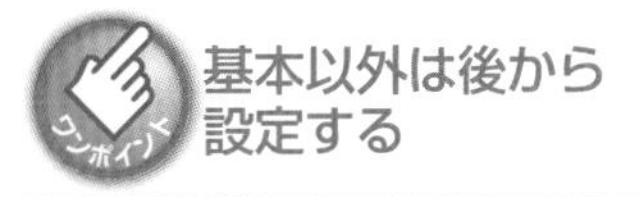

基本以外は後から設定する

続けて「iCloud（アイクラウド）」や「iPhoneを探す」の設定画面も表示されますが、これらは後から設定できるので、ここでは「使用しない」を選択しましょう。iPhoneを使うのに慣れてきたら、改めて設定すれば問題ありません。

Androidのスマホの初期設定をする

Androidスマホでも、最初に初期設定をしておきましょう。主な手順は以下の通りです。

携帯電話販売店によっては、スマホの購入時にGoogleアカウントを含めた初期設定してくれますので、そのまま使い始めることができます。

Google
ログインすると、お使いの端末を最大限に活用できます。 ヘルプ
メールアドレスまたは電話番号
または新しいアカウントを作成

❶言語（日本語）を選択する
❷Wi-Fiネットワークを接続する
❸アカウント作成を選択する
❹ユーザー名として、Gmailのメールアドレスを入力する
❺パスワードを入力する
❻位置情報サービスを設定する

Gmailのメールアドレスを入力します

パスワード
パスワードをお忘れの場合

パスワードを入力します

Googleアカウントを持っているなら

Gmailのメールアドレスを既に持っている場合は、それをGoogleアカウントとして設定できます。新しくGmailのメールアドレスを作成して使いたい場合は、初期設定で、ユーザー名を新たに登録します。

セクション 28

ガラケーの電話帳をスマホに移すには

電話帳の移行

ガラケーの電話帳をスマホに移すには、「クラウドサービスを使う」、「SDカードを使う」、「パソコンを使ってデータを移す」の３つの方法があります。

クラウドサービスを使って電話帳のデータを移す

携帯電話会社には電話帳データをインターネット経由で預かる「クラウドサービス」があり、「電話帳預かり」や「バックアップ」といったサービス名として提供されています。これらはガラケーでも提供されていて、電話帳データが読み出せなくなっても復旧できるようにするためのものです。このサービスに加入していれば、ガラケーからスマホに簡単に電話帳データが移せます。携帯電話会社でガラケーからスマホに買い換えるときに、確認してデータを移してもらいましょう。

34% 午後3:28
ドコモ電話帳 docomo
バックアップ設定
【自動バックアップ：ON】
自動バックアップや利用停止に関する操作が行えます
復旧
バックアップデータの復元が行えます
削除
任意のバックアップデータの削除が行えます

▲ドコモの電話帳バックアップサービス設定画面

● 電話帳をクラウドサービスに預けて受け渡しする

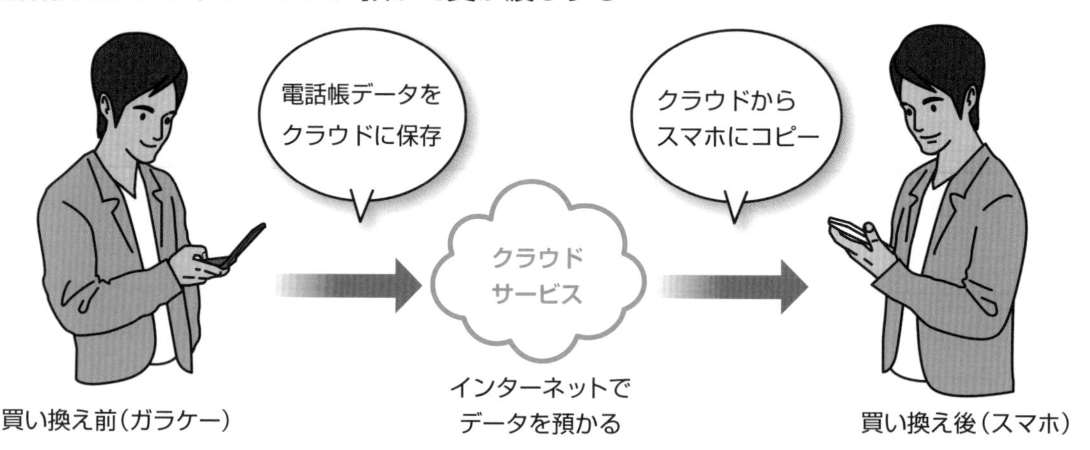

携帯電話会社の販売店で相談する

クラウドを使った電話帳預かりサービスに加入していなくても、販売店にある電話帳データをコピーするための専用の機器を使ってコピーできることがあります。販売店で相談してみましょう。

SDカードを使って電話帳のデータを移す

Androidのスマホは、SDカードを使って電話帳のデータを移せます。例えばドコモで使われている「ドコモ電話帳」アプリでは多くの場合、以下のような流れで作業を行います。

❶ガラケーの電話帳データをSDカードへ保存
❷SDカードをスマホへ入れる
❸スマホのホーム画面から［電話アプリ］を選択する
❹電話アプリの中の［電話帳］を選択する
❺メニューを開き［SDカード／SIMカード／共有］を選択する
❻［SDカードへバックアップ／復元］を選択する
❼データコピーの説明を読み、［利用開始］を選択する
❽電話帳のデータをコピーする

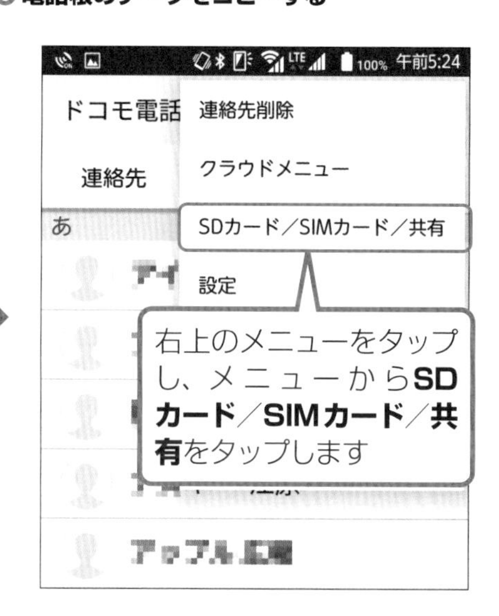

iPhoneに電話帳のデータを移す

iPhoneにはSDカードを挿入する端子がありませんので、ガラケーの電話帳をSDカードに保存しても、直接読み込むことができません。そこでiPhoneに電話帳を移したいときには、電話帳のデータをメールで自分に送り、iPhoneでメールを読み込むと簡単に映すことができます。ただし、SDカードから電話帳のデータを読み込むときに、パソコンが必要です。

電話帳をiPhoneで読み取る作業は以下のような流れになります。

❶ガラケーの電話帳データをSDカードへ保存する
❷SDカードをパソコンに接続し、パソコンで電話帳データのファイルを探す
❸電話帳データをメールに添付して自分に送る
❹iPhoneでメールを受信し、添付ファイルを開く
❺電話帳のデータが登録される

SDカードに保存される電話帳のデータは、ファイル名の最後が「.VDF」になります。このファイルを検索して、メールに添付します。

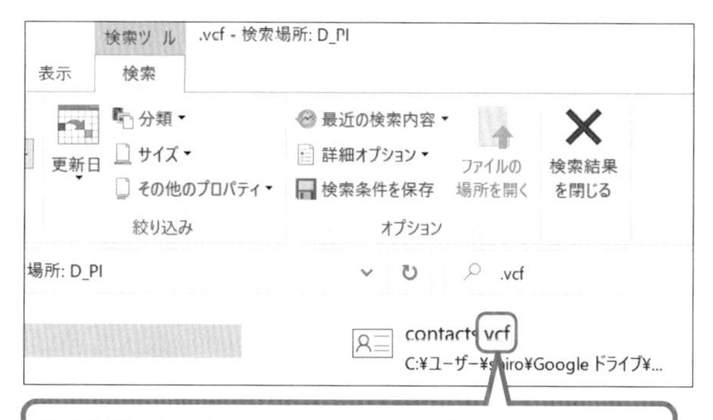

セクション

29 パソコンで使っているメールアドレスをスマホでも使うには

パソコン用メールの設定

GmailやYahoo!のメールなどパソコン用のメールアドレスを使っているときは、「メール」の設定でメールアドレスなどを設定しておきましょう。

パソコン用のメールをスマホに設定する

1 メールの設定を開く

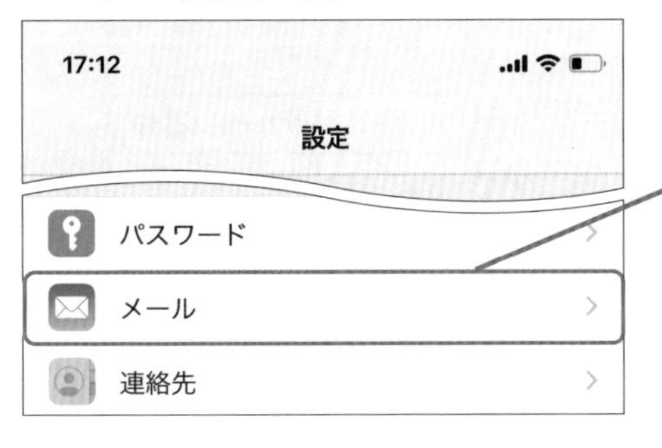

1 ホーム画面で**設定**をタップ

2 アプリの一覧の中にある**メール**をタップ

2 「アカウント」を開く

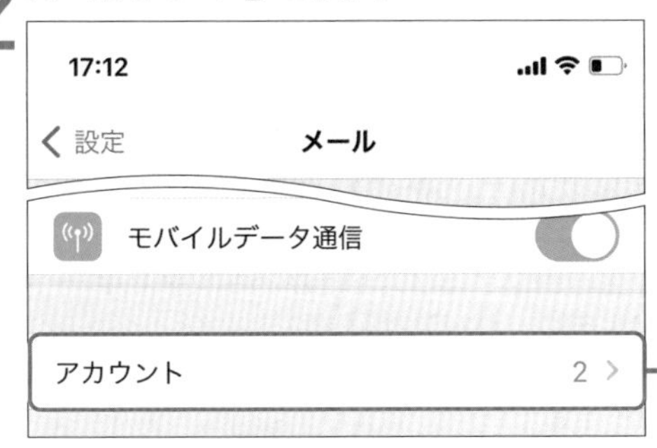

1 **アカウント**をタップ

3 アカウントを追加する

1 **アカウントを追加**をタップ

ワンポイント 設定画面はホーム画面から起動

アカウントの設定を表示するには、ホーム画面で［設定］をタップします。

ワンポイント スマホとパソコンの両方で使える

iPhoneのメール設定で、メールアドレスを設定しておきます。設定しておくと、スマホのメールとパソコンのメールが同期され、パソコンのメールがスマホでも読めるようになります。

ワンポイント Yahoo!やGoogleのメール以外のときは

［その他］をタップして、メールアドレス、パスワード、サーバーやドメイン名を入力して登録します。

第3章

4 アカウントを選択する

5 メールアドレスを入力する

6 パスワードを設定する

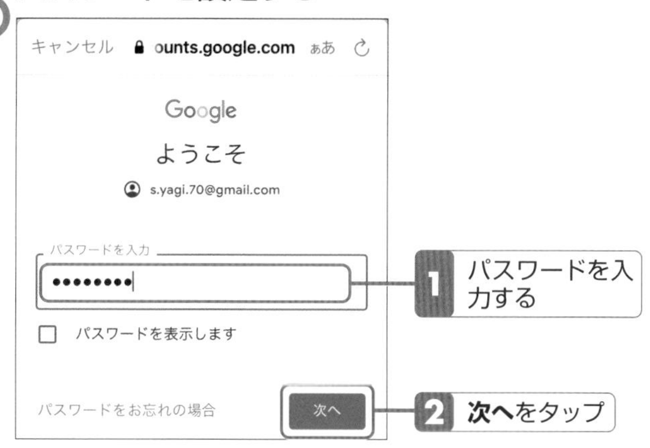

7 設定を保存する

ワンポイント アカウントの設定項目の意味

- **メール**　パソコンで使っているメールアドレス
- **パスワード**　パソコンのメールで使っているパスワード

ワンポイント Yahoo!メールやGmailを便利に使えるアプリ

Yahoo!メールやGmailは、専用のメールアプリが用意されています。アプリをインストールし、それぞれにアカウントを設定して使ってもよいでしょう。スマホのメールアプリではスマホ用、パソコン用の複数のメールアドレスをまとめて管理できるのがメリットです。

セクション 30

携帯電話会社のメールを使うには

携帯メールの使い方

これまでガラケーで使っていた携帯電話会社の携帯メールの使い方を説明します。ここでは、メール一覧を開いて読むことと、返信メールを送る手順を説明します。

iPhoneで携帯メールを読む

1 メールボックスで［受信］を選択する

1 ホーム画面で**メール**をタップ

メールボックスが表示されます

メールボックスが開いているときは、手順3の画面が表示されます

2 **受信**をタップ

2 受信メール一覧が表示される

1 読みたいメールをタップ

絵文字は見られないことも

携帯メールは、独自の絵文字が豊富に用意されています。ただし、携帯電話会社や機種が異なると、受け取ったメールの絵文字が違ったデザインで表示されたり、ファイル添付されたりすることがあります。

動きのある絵文字がファイルに置き換わっています

メールを送るには

メールを送る方法は、パソコンのメールと同じです。

第3章

3 メール本文が表示される

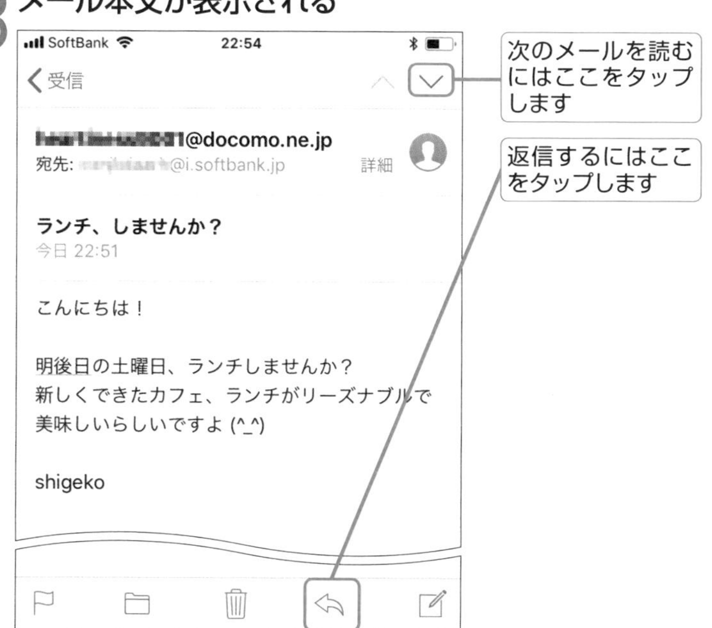

読んだメールを削除するには

読み終わった不要なメールは削除しましょう。メールを開いた画面で、ゴミ箱のアイコンをタップします。

Androidのスマホで携帯メールを使う

Androidの場合は、携帯電話会社の専用メールアプリを使います。なお機種によってはパソコンのメールを使うアプリと同じアプリを使います。

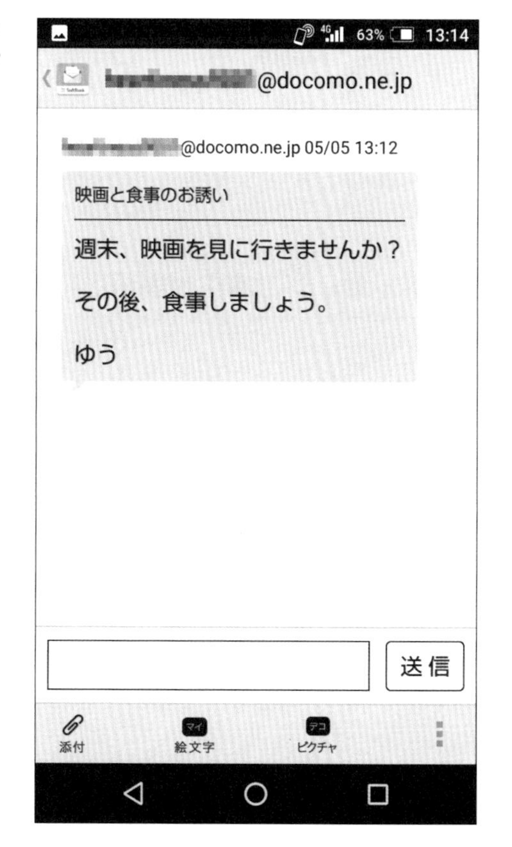

セクション 31

ショートメール（SMS）を使うには

ショートメールの使い方

スマホでも、携帯電話番号を使ったショートメール（SMS）を送ったり、読んだりできます。ここでは、ショートメールを見ることと、送る手順を説明します。

iPhoneでショートメールを読む

1 メッセージ一覧を表示する

1 ホーム画面で**メッセージ**をタップ

2 読みたいメッセージをタップ

2 メッセージの本文が表示される

返信するにはここに文章を入力します

送れる文字数に注意

ショートメールは送る相手の契約しているプランによって、受け取れる文字数が制限されています。70文字以内にしておくと安心です。

SMSの送信は有料

SMSの送信は、データ容量のプランや通話し放題オプションとは別にかかります。おおむね1通10円程度です。

第3章

iPhoneでショートメールを送る

1 本文を入力し、送信する

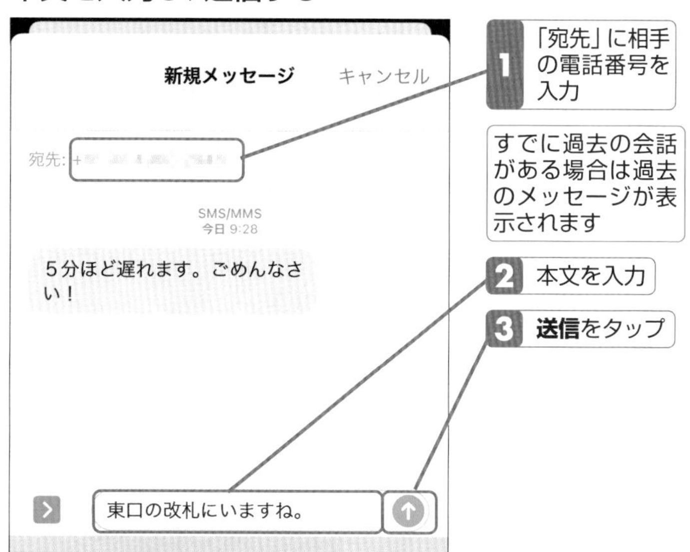

iPhone同士のメッセージサービス

iPhoneやiPanを使っている人を宛先に指定すると、自動的に「iMessage(アイ・メッセージ)」になります。これはショートメールと異なり、無料で送信できるサービスです。また、画像を添付して送ったり、画像やメッセージに効果を設定することもできます。

2 メッセージが送られる

メッセージは会話形式で画面に残ります

相手の文章は背景が灰色、自分の文章は背景が緑色で表示されます

Androidのスマホでショートメールを使う

Androidの場合、「メッセージ」アプリを使いますが、機種によっては携帯電話会社の専用アプリがインストールされていることもあります。

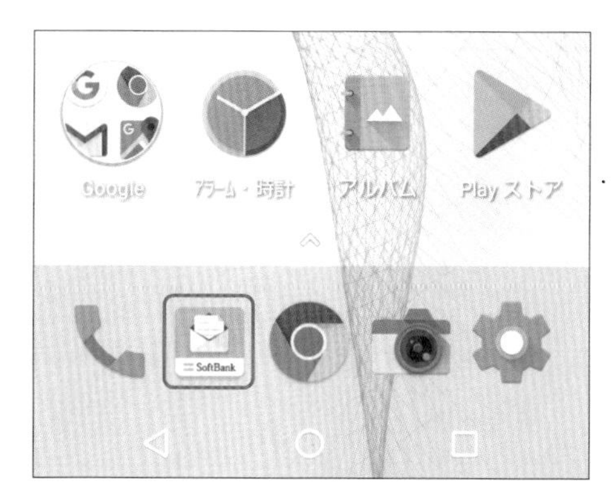

セクション 32

着信音やマナーモードを設定するには

着信音とマナーモード

スマホでも、ガラケーのように着信音やマナーモードの設定ができます。設定画面やボタンを使って変更します。

iPhoneで着信音や操作した時の音を変更する

1 「サウンドと触覚」を開く

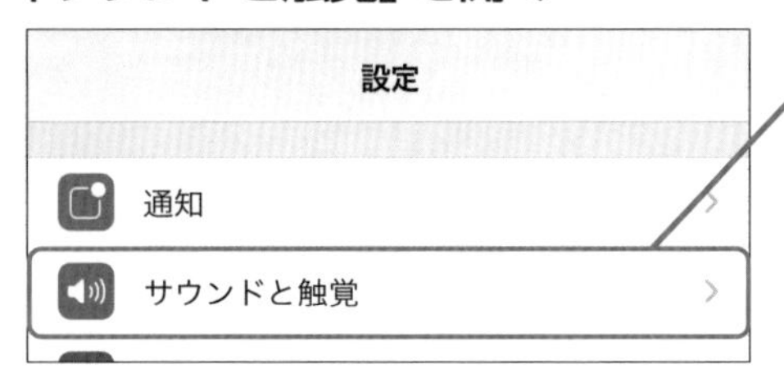

2 着信音などを変更する

2 それぞれの項目をタップし、サウンドを選択して変更する

ワンポイント 設定画面の表示

設定画面は、ホーム画面から［設定］をタップして表示します。

ワンポイント iPhoneでマナーモードに設定する

iPhoneでは、本体側面の「着信/サイレントスイッチ」を切り替えてマナーモードにします。

Androidのスマホで着信音を変える

1 設定画面を表示する

1 ホーム画面で**設定**をタップ

2 **着信音とバイブレーション**をタップ

設定画面の表示

設定画面を表示するには、ホーム画面やアプリの機種により場所や名前、アイコンは異なります。一覧画面で［設定］をタップします。

2 着信音を選択する

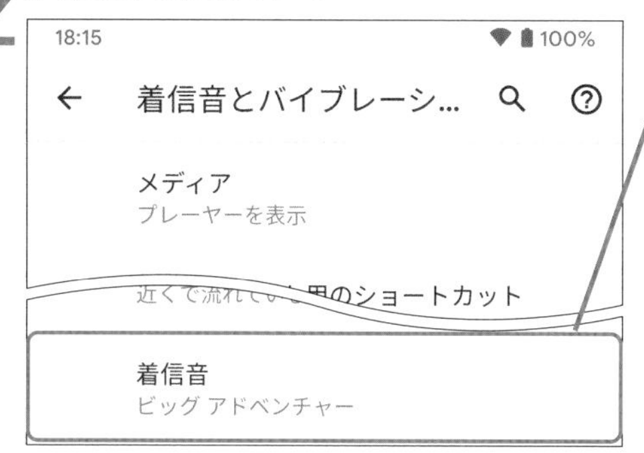

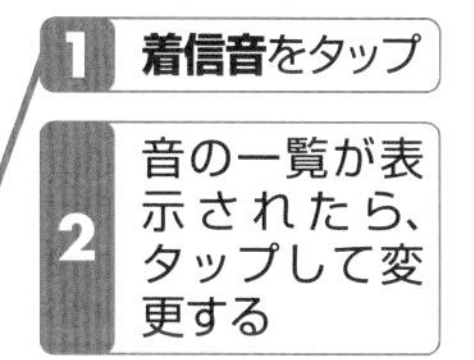

1 **着信音**をタップ

2 音の一覧が表示されたら、タップして変更する

Androidのスマホでマナーモードにする

Androidのスマホでは、次の2つの方法があります（機種により場所や名前、アイコンは異なります）。

❶ボリュームボタンで音量を下げる
❷ホーム画面から設定する

❶ボリュームボタンを押して、音量を下げます。ボリュームを最も小さくするとマナーモードになります。ベルのアイコンをタップして変更することもできます。

❷ホーム画面を上からスワイプして下ろし「マナーモード」や「サイレントモード」に変更します。

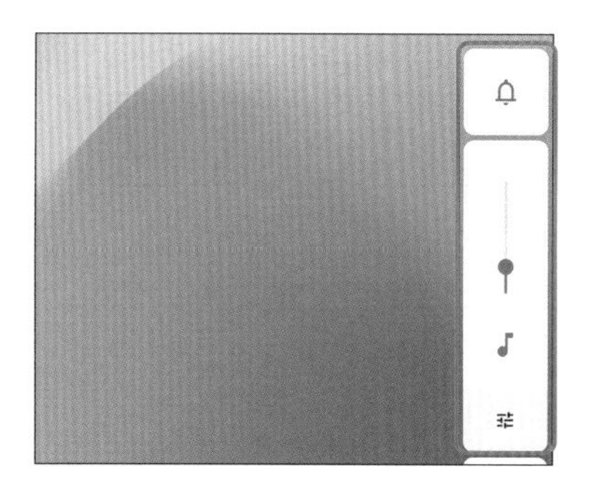

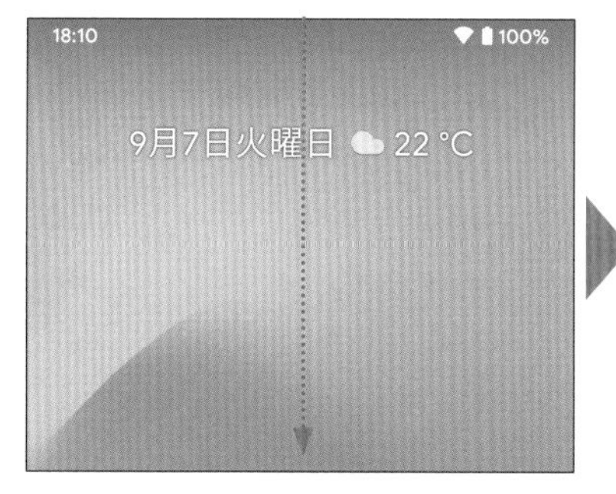

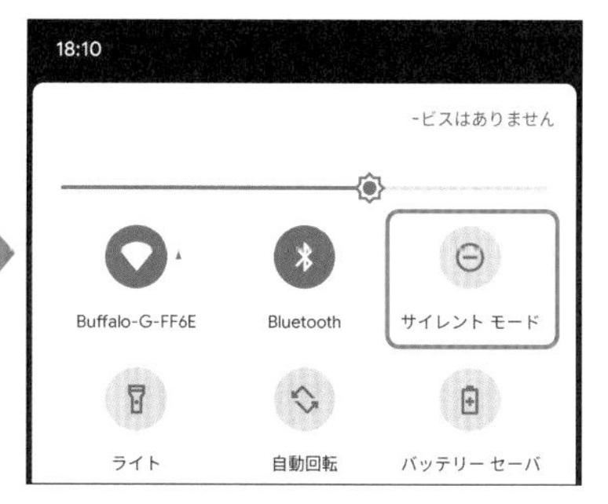

セクション 33

人に画面を見られないようにするには

画面ロックの方法

スマホでのやり取りや、登録している個人情報を他の人に見られないように、画面にロックをかけておきましょう。

iPhoneにロックをかける

● パスコードロックをかけていない場合

iPhoneSEではホームボタンを押すとホーム画面が表示されます

● パスコードロックをかけている場合

画面の下端から上にスワイプすると、画面中央に入力のテンキーが表示されます

パスコードは6桁の数字を使う

iPhoneでは、6桁の数字の「パスコード」によるロックがかけられます。事前に6桁の数字を設定することで、ホーム画面に進む前に認証を求められます。正しい数値を入力しない限り、ホーム画面に進むことはできません。なおパスコードは、設定を変更すれば4桁の数字や任意の文字列でも設定できます。

パスコードやパスワードを変更・解除するには

［設定］画面を表示して、変更しましょう。iPhoneでは［Face IDとパスコード］または［Touch IDとパスコード］、Androidのスマホでは［セキュリティ］を選択して変更します。

パスコードを使わないように設定を解除したいときは、［パスコードをオフにする］をタップして、変更します。

Androidのスマホにロックをかける

Androidスマホでは、パスワードのほか、「パターン」（形）を使ってロックをかける機種もあります。スマホの画面内を縦横3つの計9つの区間に分割し、事前に設定した順番でなぞることで認証します。最低でも4つの区間をなぞっていきます。

パスワードやなぞったパターンを忘れずに覚えておきましょう。パスワードやパターンを間違えると、ロックを解除できません。

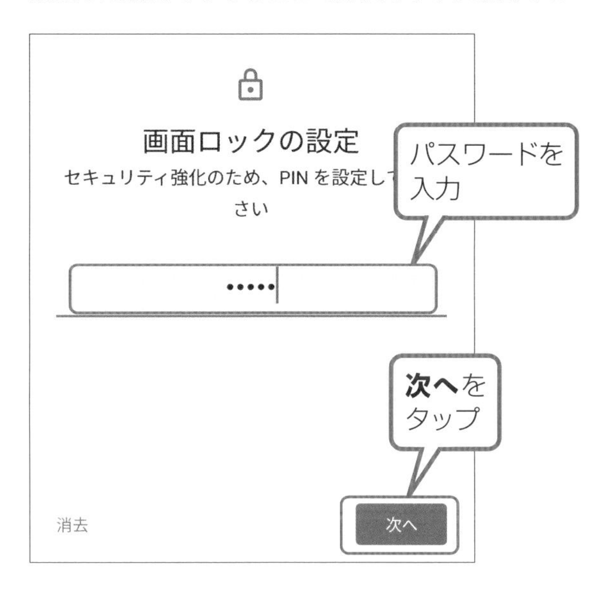

Androidはパターンで認証する機種もある

Androidのスマホの、パターンで設定する機種では縦横斜めとさまざまなパターンを登録できます。最低で4つの点をなぞったパターンを設定できるので、単純なパターンでないものを登録しておくとよいでしょう。

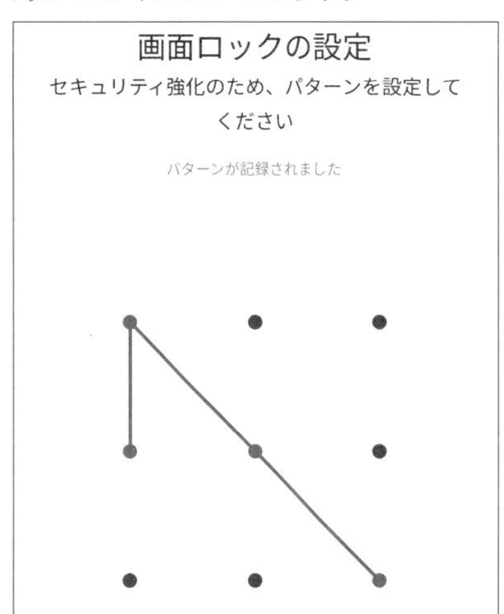

▲画面にパターンが表示される

指紋認証・顔認証

スマホの機種によっては、画面ロックの解除に指紋認証や顔認証を使えます。パスコードやパスワードの設定画面で、使える認証方法の中から選んで設定します。指紋認証では自分の指の指紋（使いやすい指で構いません）を記録し、顔認証ではスマホのカメラを使って顔を映して特徴を記録します。指紋認証や顔認証は、アプリ購入時の確認などでも利用されます。

iPhoneの顔認証、「Face ID」の▶設定画面。Androidスマホでも同様に顔を映して設定する

ロック画面から「緊急」通報する

パスコードロックの画面には、「緊急」や「緊急通報」ボタンがあります。このボタンを押すと、数字キーが表示されます。右の緊急通報のみ、電話をかけることができます。

- **110**：警察機関への緊急通報
- **118**：海上での事件・事故の通報
- **119**：消防機関への緊急通報

セクション

34

紛失・盗難に備えた設定にするには

紛失・盗難への備え

スマホを紛失してしまっても、探すための設定をしておけば、パソコンを使って、スマホの現在位置を探すことができます。設定しておきましょう。

iPhoneを探せるように設定する

1 設定画面からApple IDを表示する

1 ホーム画面で**設定**をタップ

2 自分の名前が表示されているApple IDをタップ

3 **探す**をタップ

2 [iPhone探す] をタップする

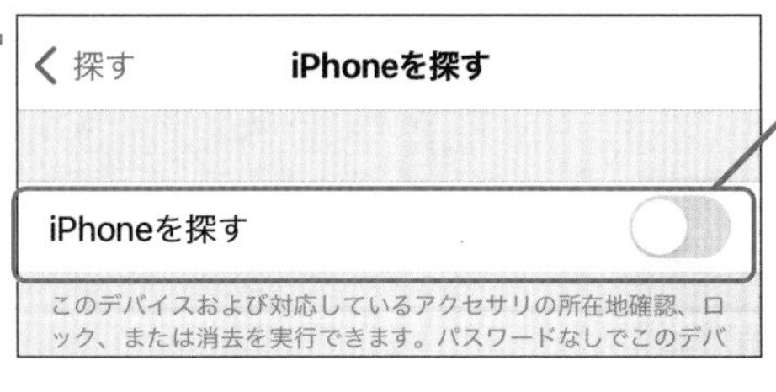

1 **iPhoneを探す**をタップ

Apple IDでサインインしておく

iCloud（アイクラウド）のサービスを利用するには、Apple IDを使ってサインインしておきます。Apple IDについては、セクション26を参照してください。

3 [iPhoneを探す] をオンにする

1 **iPhoneを探す**をオンにする

2 **"探す"のネットワーク**と**最後の位置情報を送信**をオンにする

「iPhoneを探す」を利用できる状態になります

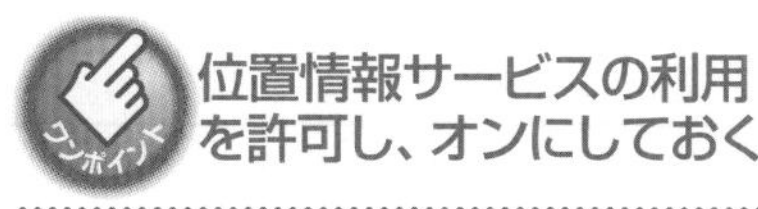

位置情報サービスの利用を許可し、オンにしておく

iPhoneを探すためには、位置情報サービスを利用します。位置情報サービスの利用を許可する画面が表示されたら、許可しておきましょう。また、設定画面から「プライバシー」を選び、位置情報サービスの利用をオンにしておきます。

パソコンでiPhoneを探す

1 パソコン画面で［iPhoneを探す］をクリックする

1 パソコンから「icloud.com」にアクセスする

2 **iPhoneを探す**をクリックする

パソコンの準備

iPhoneを探す時は、パソコンから「https://www.icloud.com/」に接続して、「iPhoneを探す」ためのソフトをパソコンにインストールしておきます。パソコンからiPhoneの場所を検索すると、パソコンの画面上にiPhoneの位置が表示されます。

2 iPhoneの場所が表示される

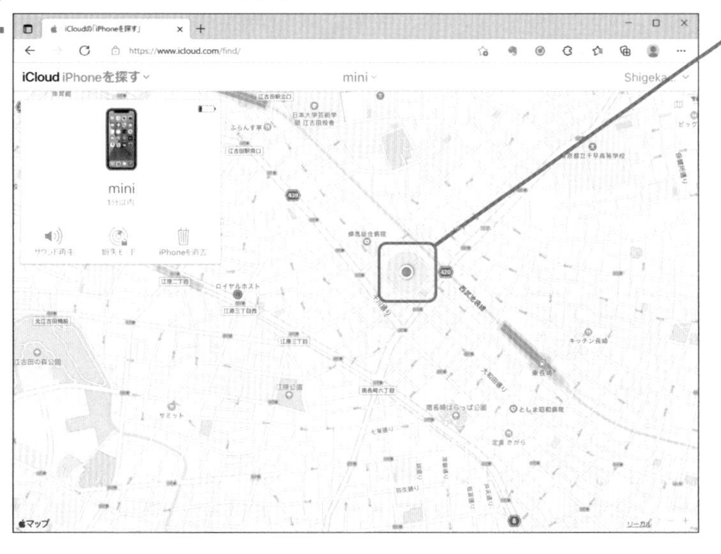

検索結果が出ます

Androidのスマホを探せるように設定する

Androidのスマホでは、紛失したスマホを探す際、各携帯電話会社のサービスを使います。例えば、ドコモの「ケータイお探しサービス」なら、スマホの設定画面で、サービスの申し込みをしておきます。

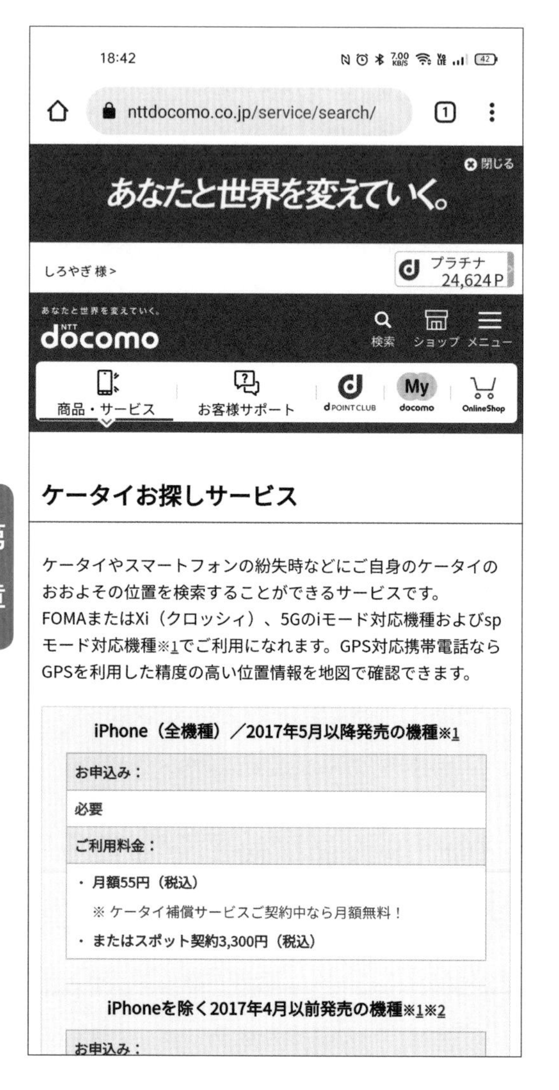

紛失時には使用停止の手続きをする

スマホを紛失したときには、不正な利用をされないように、使用停止の手続きをしましょう。パソコンや家族のスマホなどを使い、携帯電話会社のWebサイトで手続きをするか、携帯電話会社に電話して使用を停止します。使用を停止すればスマホは通話や通信ができなくなりますが、場所はGPSの位置情報をたよりに探すことができます。また、スマホが無事に見つかったら同じ方法で使用を再開しましょう。

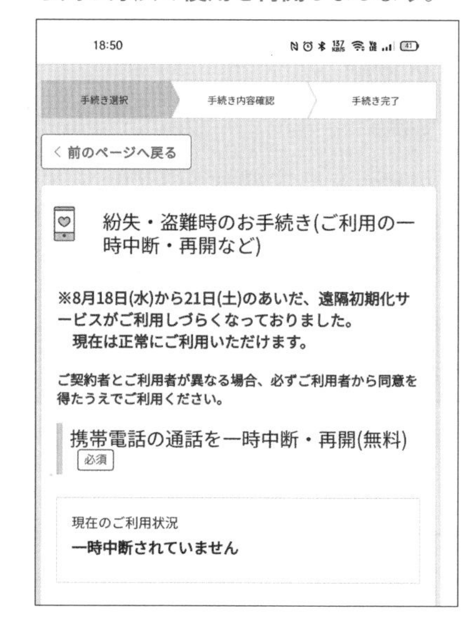

ドコモ以外の携帯電話会社のケータイを探すサービス

au、またはソフトバンクのAndroidスマホを紛失しないように設定しておきたい場合は、以下のようなサービスを利用することができます。

●au

auのスマホでは、「ケータイ探せて安心サービス」を申し込んで利用します。パソコンを使って検索するほか、お客様センターに連絡して検索してもらうこともできます。

●ソフトバンク

ソフトバンクでは「紛失ケータイ捜索サービス」に申し込んでおきます。紛失したときには、パソコンを使って検索したり、カスタマーサポートに連絡して検索してもらうことができます。

第4章 スマホで写真や動画を楽しもう

スマホは、シーンや撮りたいものをきれいに楽しく撮影できる高性能なカメラを備えています。撮影した写真や動画を家族や知人に見せたり、送ったりすることが手軽にできるにできるのも便利な点です。

セクション

セクション

35 スマホの写真や動画、どのくらいきれいに撮れる？

カメラ機能の特長

今やスマホのカメラは、コンパクトなデジタルカメラの性能をしのぐほど。鮮明で美しい写真や動画が撮影できます。

高解像度で鮮明な写真を撮る

デジタルカメラは、画素と呼ばれる画像の点の集まりで写真を構成します。画素数が多いほど高解像度の鮮明な写真が撮影できます。スマホのカメラ機能の画素数は、デジタルカメラに匹敵する、あるいは超える画素数を持っています。iPhoneでは1200万画素以上の高解像度カメラを備えています。

さらに、薄暗い場所や夜でも鮮明な写真を撮ったり、被写体の背景をぼかして撮ったりと、テクニックを使わなくても、きれいな写真が撮れるのが進化したスマホのカメラ機能の特長です。

上位機種のカメラ機能

高機能カメラ機能があるiPhoneでは、他のモデルと画面や機能が一部違う場合があります。iPhone13 Proでは、人工知能（AI）が人物の顔の向きを捉えて自動でピントを合わせるなど、高度な機能があります。

複数のレンズを備える理由

iPhoneやAndroidのスマホのXperia（エクスペリア）、Galaxy（ギャラクシー）などでは、複数のカメラを備えた機種があります。複数のレンズを持つ複眼で距離や明るさを測定して、シーンに合わせた写真を撮ることができるようになっています。

手軽に動画を撮る

カメラ機能では、写真とビデオを切り替えて、いつでも手軽に動画を撮影できます。子どもやペットの可愛い動きや表情を記録しましょう。

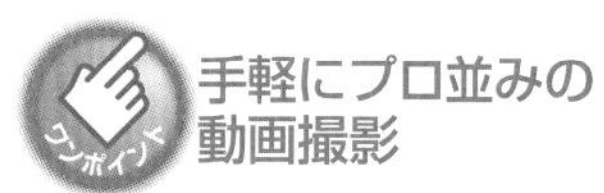

手軽にプロ並みの動画撮影

高機能カメラ機能をもった機種では、動画の性能も向上しています。映画並みの動画を撮れる機種もあります。iPhone13 Proには、「シネマティックモード」が搭載され、目立つ人物に自動的にピントを合わせたり、撮影後にフォーカスを変えるなどの調整ができるようになっています。

iPhoneが浅い被写界深度で撮影できるようになりました。フォーカスする被写体もエレガントに切り替えます。すべてが自動です。シネマティックモードは、

撮った動画を見せる・共有する

撮影した写真や動画は、タブレットやパソコン、テレビの画面で見ることができます。スマホで撮影した動画を離れて暮らす故郷の両親にネットで共有するのも簡単。子どもたちの成長を知らせるといったことも簡単にできるのが魅力です。

Twitter、Instagram、FacebookなどのSNSでは、動画を投稿できるようになっています。スマホで撮った動画を、YouTubeに公開することもできます。魅力的な動画を撮れば、より多くの人に共有できます。趣味やお料理、ガーデニングなど動画で得意なことを紹介するのも楽しいことでしょう。

セクション

36 写真を撮るには

カメラアプリの使い方

スマホのカメラ機能を使えば、手軽に、素早く、写真が撮れます。明るくして撮ったり、ズームしたり、画面の効果を使って、好みの写真を撮りましょう。

写真を撮る

1 カメラアプリを起動する

1 ホーム画面で**カメラ**をタップ

ロック画面やコントロールセンターから素早くカメラを起動する

シャッターチャンスを逃さずに、素早くカメラアプリを起動したい。こんなときには、ロック画面やコントロールセンターから素早くカメラの画面に切り替えましょう。

iPhoneでは、ロック画面上にある［カメラ］アイコンを長めにタップします。また、ロック画面を左にスワイプしても、カメラを起動することができます。

他のアプリを使っているときなら、コントロールセンターを表示して、カメラマークをタップしましょう。

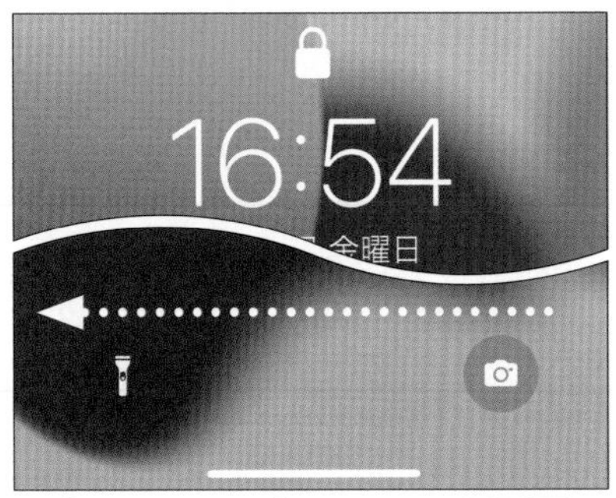

▲左にスワイプして、ロック画面からカメラアプリを起動する

ちょっとだけ動く写真「Live Photos（ライブフォト）」

iPhoneのカメラには「Live Photo(ライブフォト)」が搭載されています。これはシャッターをタップすると、前後1.5秒、合計3秒の映像と音声を保存するものです。動きのある写真が楽しめます。画面の［ライブフォト］アイコンをタップすると、Live Photosのオン／オフが切り替わります。

▲画面右上部の◎をタップ

第4章

2 ピントを合わせてシャッターをタップする

ズームアップして撮る

写真を撮るとき、画面に2本の指でつまむように触れ、その間隔を広げる操作「ピンチアウト」をすると、画面が広がります。画面下部にもバーが出て、そこで拡大率を調整することもできます。その状態でシャッターをタップすれば、望遠レンズを使ったような、拡大した写真を撮ることができます。

なお、縮小したいときは逆の操作、つまり2本の指の間隔を広げた状態で画面に触れ、その間隔を縮める「ピンチイン」をします。

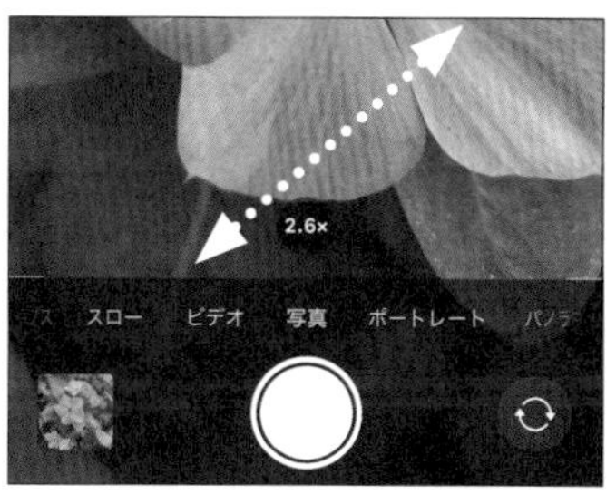

▲2本の指で画面の表示を拡大（ピンチアウト）する

撮影シーンを選んで写真を撮る

Androidのスマホでは、カメラ機能で撮影シーンに合わせた設定が用意されている機種もあります。夜間やスポーツなどを選ぶことで、通常のモードで撮影するよりもきれいに撮影することができます。

また、撮った写真に効果をかけるフィルターも「安らぎ」や「思い出」といったユニークな効果が用意されていたり、人物をきれいに見せる「ビューティー」フィルターがあったりします。カメラ機能を確認して活用してみましょう。

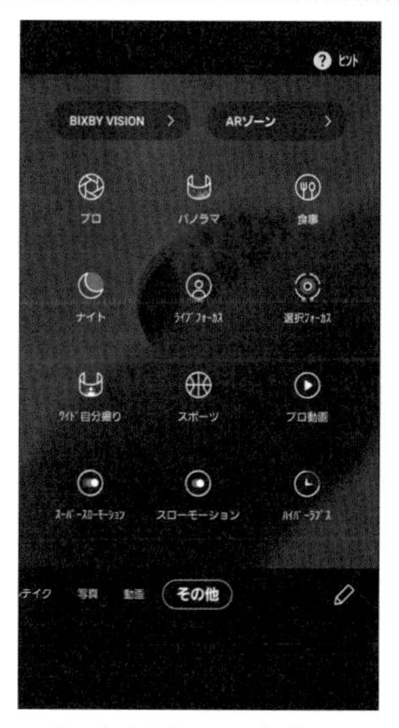

▲AndroidのスマホGalaxyの撮影モード選択画面

▲フィルターの種類が多く、ユニークな効果がある

フィルターをかけて好みの雰囲気で撮る

1 フィルターを設定する

1 カメラを起動して、▽マークをタップ

2 **フィルター**をタップ

2 シャッターをタップする

1 使いたいフィルターの種類をタップ

フィルターの効果がかかった状態で表示されます

2 シャッターをタップして撮影

「スクエア」で撮る

「写真」の右にある「スクエア」に切り替えると、正方形の写真が撮れます。撮りたいものが主役として伝わる、見栄えのよい写真になります。SNSに投稿する時によく使われています。

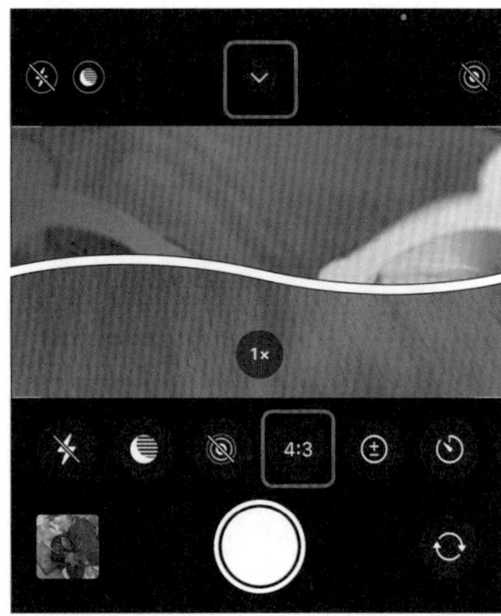

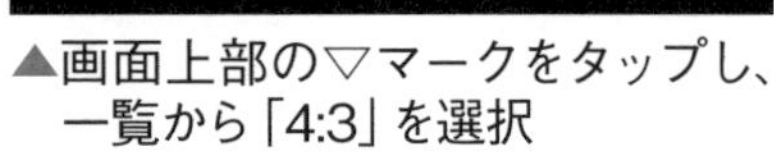

▲画面上部の▽マークをタップし、一覧から「4:3」を選択

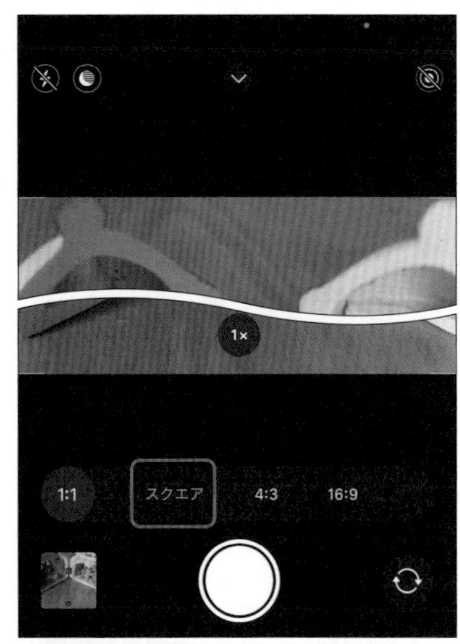

▲「スクエア」を選ぶと、写真の比率が「1:1」の正方形になる

第4章

ポートレートモードで撮る

1 ポートレートをタップする

1 **ポートレート**をタップ

2 光源を設定し、シャッターをタップする

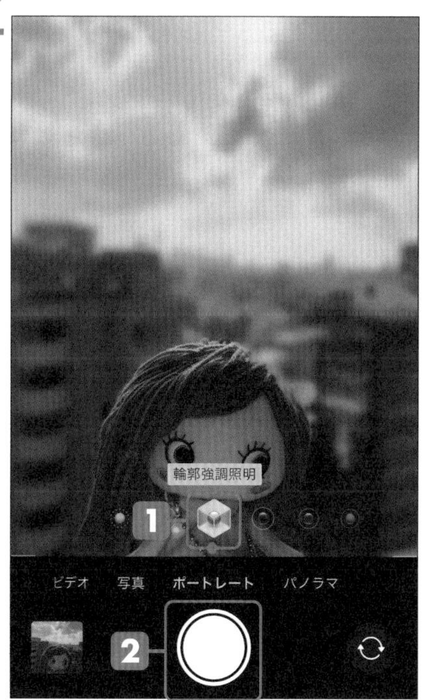

1 使いたい光源の種類をタップ

背景がぼかされ、中心の人物やものに指定した光源からの明るさが設定されます

2 シャッターをタップして撮影

パノラマ写真を撮る

「パノラマ写真」を設定して撮ると横長で広々した写真が撮れます。

［パノラマ］をタップしてパノラマモードに切り替え、シャッターをタップしたらゆっくりと水平方向に動かします。再度、シャッターをタップして終了します。

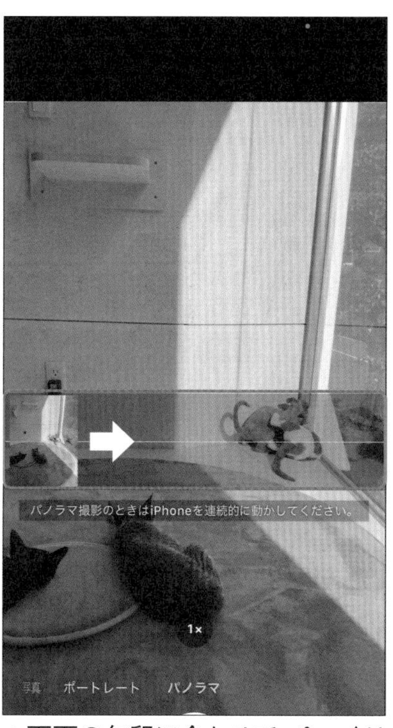

▲画面の矢印に合わせて、ゆっくりとスマホを動かして撮影する

セクション

37 撮った写真を見るには

写真アプリの使い方

撮影直後の写真は、カメラアプリの画面からすぐに確認できます。写真アプリからは、撮った写真の一覧が表示できます。

撮ってすぐに確認する

1 撮影後、左下の写真をタップする

1 撮影後ここをタップ

2 撮影した写真を確認する

❶「お気に入り」というアルバムから写真を見ます

❷不要部分を切り取ったり明るさ調整ができます

❸写真を削除します

撮った写真を編集する

撮影した写真を表示して、手順2で、画面下部の［編集］をタップすると、写真の明るさやコントラストを調整したり、フィルターをかけたり、トリミングしたりできます。

▲［調整］マークをタップし、「明るさ」の目盛りを動かして調整する

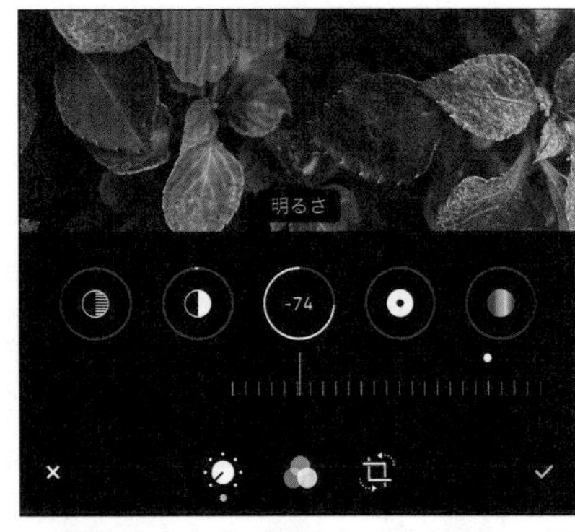

▲「明るさ」を変更すると写真の雰囲気が変わる

第4章

一覧から写真を見る

1 写真アプリを起動する

1 **写真**をタップ

2 見たい写真をタップする

1 写真の一覧から見たい写真をタップ

表示されている写真を左右にスワイプすると、前後の写真を表示できます

3 写真が表示される

前の画面に戻りたいときにタップします

年や月、日別に表示するには

一覧画面に表示されている［年別］［月別］［日別］をタップすると、表示を切り替えられます。

▲「年別」に切り替えたら、見たい年をタップする

アルバムを作って写真を整理する

［アルバム］は、ホーム画面から［写真］をタップ後、下部から［アルバム］に切り替えて利用します。

自分で独自のアルバム名を作成したいときは、画面左上の［+］をタップします。アルバムを作ると、写真を選択する画面になります。

▲画面左上の［+］をタップして、新規アルバムを作る

セクション

38 撮った写真を加工するには

写真の加工

撮った写真をカメラアプリの編集機能で加工すると、見栄えがぐんとよくなります。さらに簡単にきれいに加工したいときは、写真加工アプリを使うと便利です。

不要な部分をカットしてトリミングする

1 写真アプリを起動する

1 ホーム画面で**写真**をタップ

2 加工したい写真を選択する

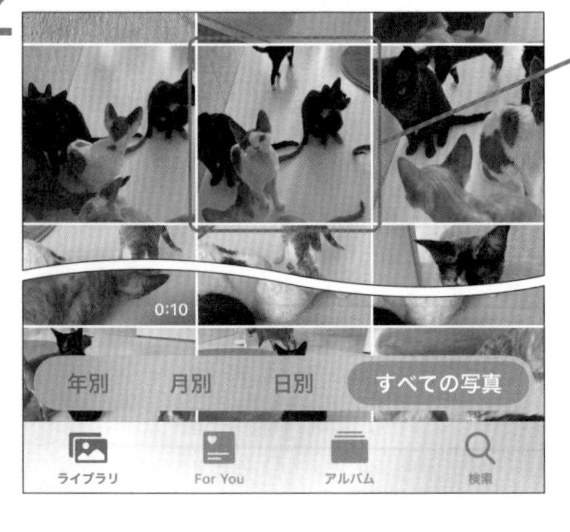

1 加工したい写真をタップ

3 加工したい写真を確認する

1 写真を確認し、**編集**をタップ

写真にフィルターをかける

写真アプリの編集機能では、写真にフィルターをかけたり、コントラストや明るさを調整したりして、きれいにすることができます。

［編集］をタップして表示される画面で、フィルターや調整をタップして、写真を加工しましょう。

▲［フィルター］をタップして開き、好みのフィルターをタップする

第4章

4 トリミングを選択する

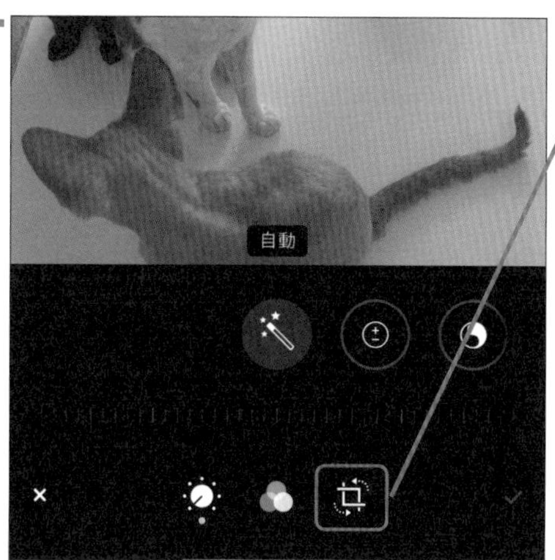

1 **トリミング**をタップ

5 使いたい範囲を選択する

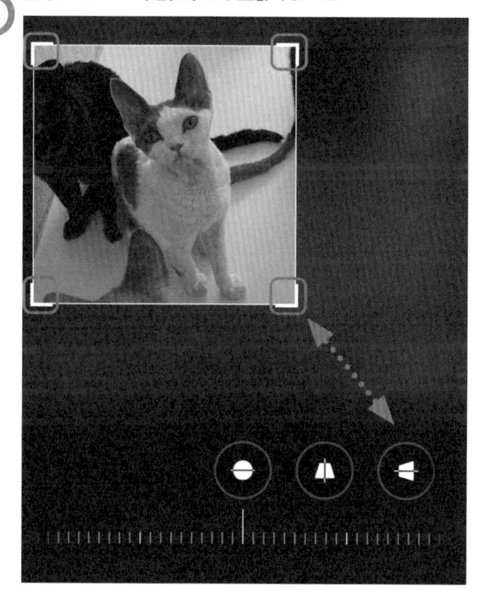

1 四隅や上下左右の枠をピンチ

6 加工した写真を保存する

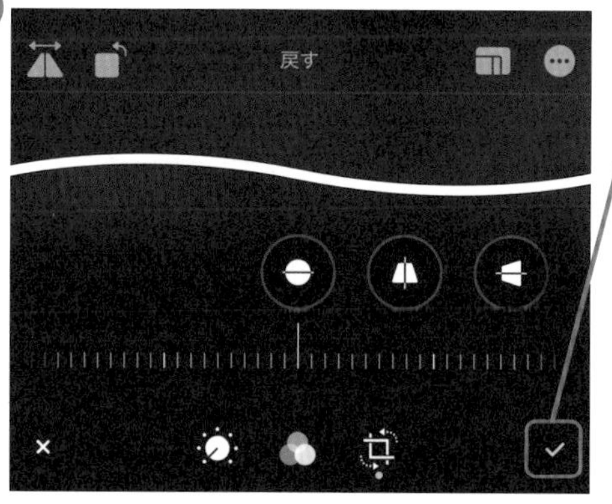

1 **終了**（チェックマーク）をタップ

ワンポイント 左右を反転させるには

写真の左右を反転させたいときは、編集画面で[左右反転]をタップしましょう。写真の左右が反転します。

▲写真の左右が反転した

ワンポイント 編集した写真は上書きされる

写真アプリで編集を加えて終了すると、元の画像に上書きします。注意しましょう。元の写真は残して、加工したいときは、次のページから説明する写真加工アプリを使うとよいでしょう。

写真加工アプリ（LINE Camera）を使って写真を加工する

1 写真加工アプリを起動する

1 **LINE Camera**をタップ

2 アルバムを選択する

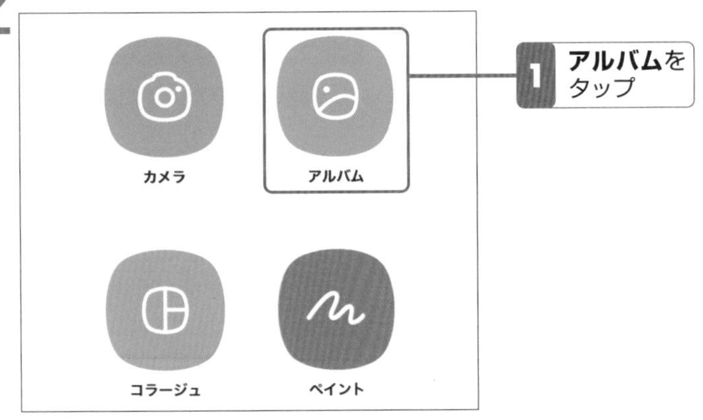

1 **アルバム**をタップ

3 加工したい写真を選択する

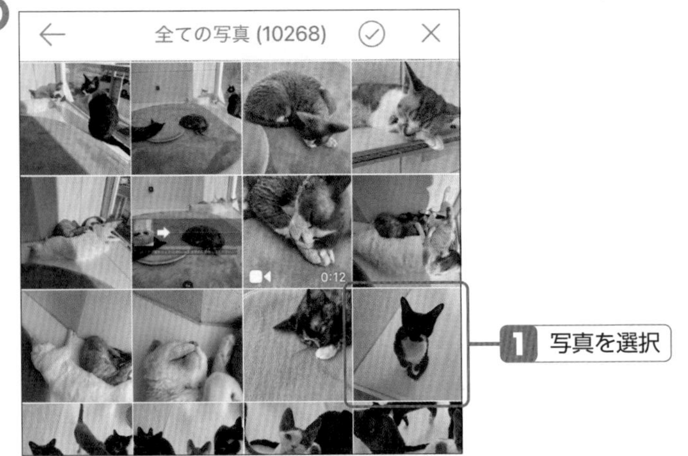

1 写真を選択

LINE Cameraとは

撮った写真や保存されている写真を、手軽に編集できる写真加工アプリです。人に見せたり、SNSに投稿したりするのに便利なフィルターやフレーム、スタンプ、コラージュなどの機能が揃っています。フレームやスタンプは、無料で使えるものと、有料のものとがあります。季節のイベントのスタンプなど、新しい素材が続々と提供されています。

▲メニューから「コラージュ」を選ぶと、複数の写真を組み合わせて1枚の写真にするコラージュが簡単に行える

4 編集を選択する

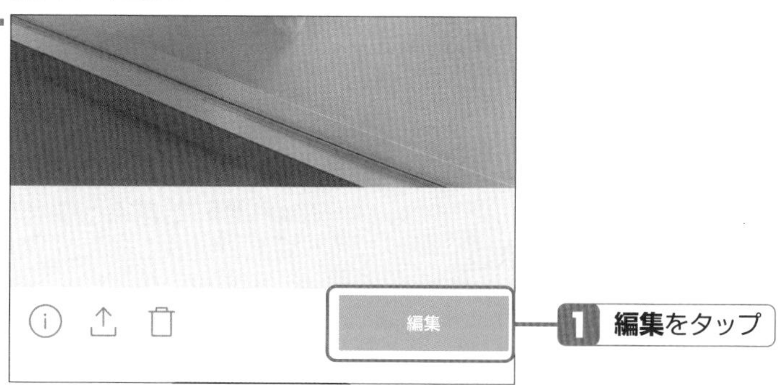

5 写真を加工する

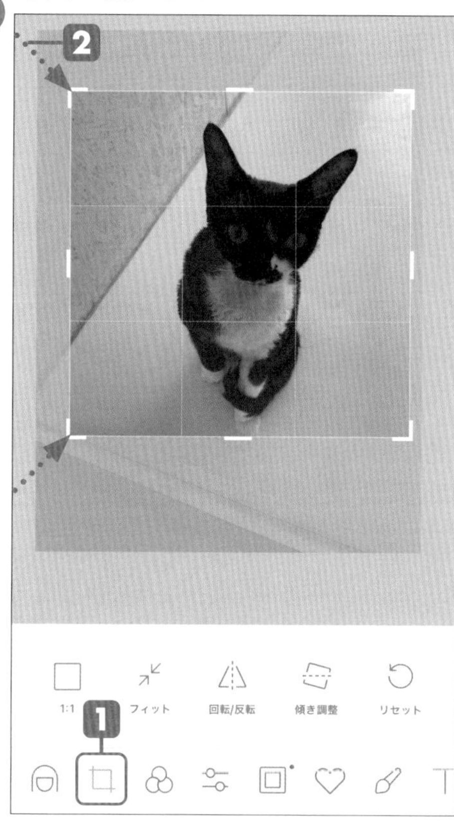

1 **トリミング**をタップ

2 ピンチして使いたい部分を指定

6 加工した写真を保存する

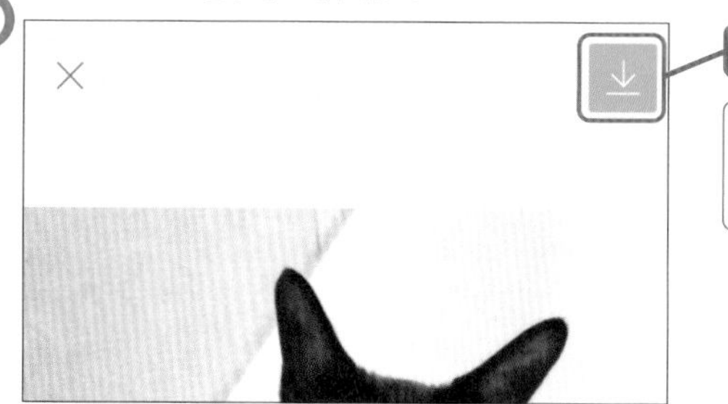

元の写真は残して、加工した写真が保存されます

スタンプで写真を飾るには

LINE Cameraでは、写真にスタンプを重ねて飾ることができます。♥マークをタップすると、スタンプの種類が表示されます。使いたいスタンプの種類をタップし、表示されるスタンプを画面に貼り付けましょう。

ショッピングバックのマークをタップすると、スタンプショップが表示され、有料のスタンプを購入することができます。

▲季節のスタンプを貼り付けて写真を加工すると楽しい

セクション

39 撮った写真を送るには

メールやLINEで写真を送る

撮った写真を友だちや家族に見せたいときは、メールやLINEで送ると便利です。文面に写真の画像を添付して送信しましょう。

メールに写真を添付して送る

1 写真アプリを起動する

1 ホーム画面で**写真**をタップ

2 送りたい写真を選択し共有する

1 送りたい写真をタップ

2 **共有**をタップ

複数の写真を選択して送ることもできます

ワンポイント 写真を添付して送る方法

写真の画像はメールアプリで送るほか、スマホにインストールされている他のアプリを選ぶことができます。写真を選んで共有したら、送りたいアプリを選択して、メッセージを作成して送付します。

▲Gmailやメッセンジャー、Twitterのダイレクトメッセージなど、インストールされているアイコンから選んで送付できる

3 メールを選択する

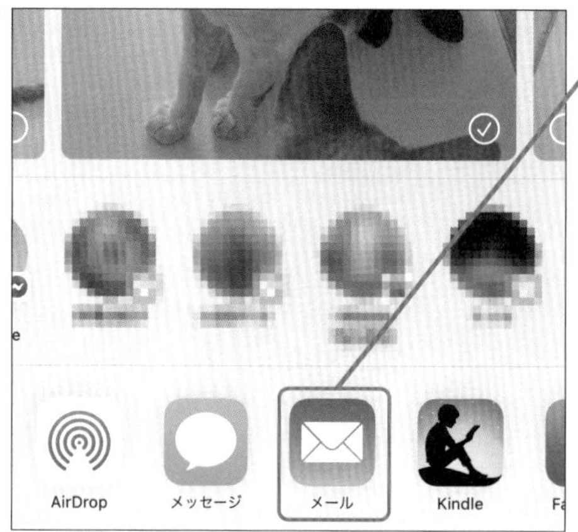

1 **メール**をタップ

4 メールを作成する

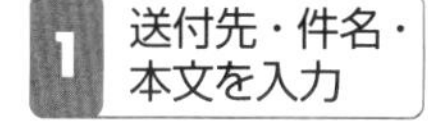

1 送付先・件名・本文を入力

2 **送信**をタップ

キャンセル

可愛いネコちゃん

宛先: 高橋慈子

Cc/Bcc、差出人:

件名: 可愛いネコちゃん

元気ですか？　可愛いネコちゃんに癒されてね！

5 画像の大きさを指定して送信する

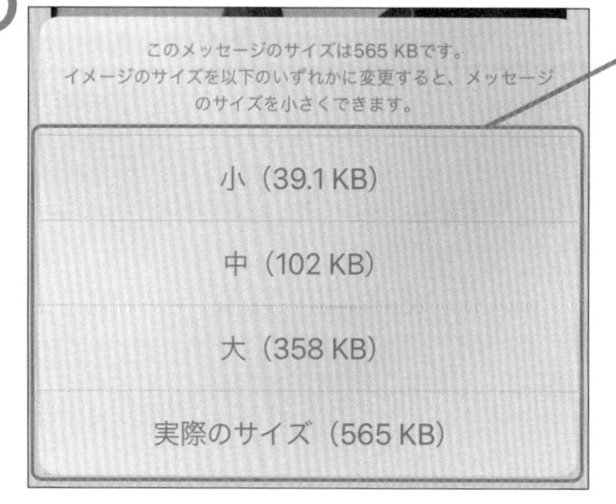

1 画像のサイズを選択

画像のサイズを選択すると、メールが送信されます

ワンポイント 写真をプリントして送るには

パソコンやスマホを使っていない人に、スマホで撮った写真を送りたいときは、プリントして宅配便や郵便で送ってあげましょう。スマホで撮った写真は、コンビニエンスストアの複合機で手軽に印刷されます。たとえば、セブンイレブンならば「セブンイレブン　マルチコピー」アプリを使えば、複合機から写真をプリントできます。手軽にきれいに、プリントできて便利です。

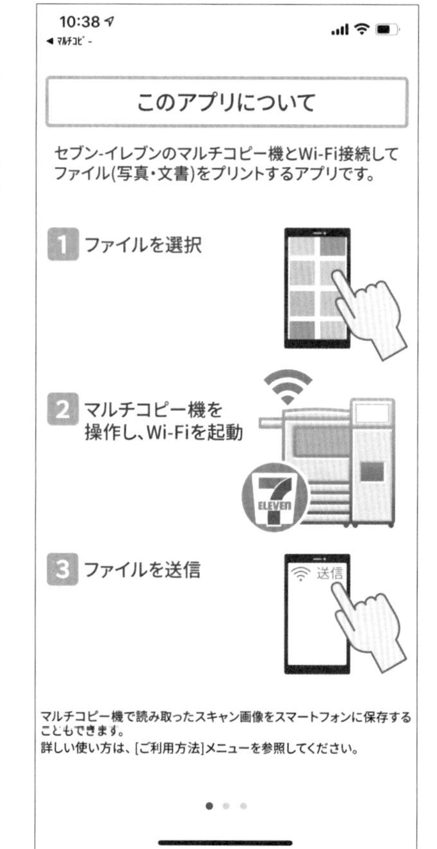

▲セブンイレブン　マルチコピーアプリの説明画面

LINEを使って写真を送る

1 LINEを起動する

1 LINEをタップ

2 トークを選択する

1 トークをタップ

3 送りたい友だちを選択する

1 友だちをタップ

LINEで写真を送れる相手

LINEでは、友だちとして登録されている人にだけ、写真をトークで送ることができます。写真を送りたい人が友だちに登録されていない場合は、あらかじめ友だちに追加しておきます。

複数の友だちに送るときはグループを使う

複数の友だちに写真を送りたいときは、1人1人に送るよりも「グループ」を作って投稿すると便利です。グループの作り方は、セクション55で説明しています。

▲グループのトーク画面で写真を送れば、グループに参加している友だちに見せることができる

第4章

4 写真の追加を選択する

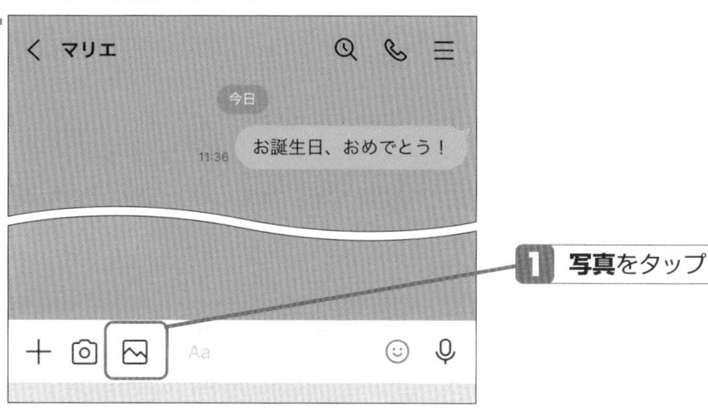

5 写真を選択して送信する

1 送りたい写真をタップ

2 送信をタップ

複数の写真を選択して送ることもできます

6 写真が送信される

送信された写真がトーク画面に表示されます

ワンポイント アルバムとして共有する

LINEには、友だちとアルバムを共有できる機能があります。複数の写真を見せたいときはトークで送るよりも、好きなときにアルバムを開いて確認できるので便利です。

アルバムを共有したい友だちのトーク画面からメニューを開き、アルバムをタップします。新しくアルバムを作って共有したいときは、アルバムの画面で［＋］をタップして、写真を選択して登録します。

▲メニュー開くと、アルバムが使える

▲［＋］をタップすると、新しいアルバムを登録できる

セクション

40 ビデオを撮るには

動画の撮影方法

カメラ機能には、動画が撮影できるビデオ機能もあります。写真をビデオに切り替えて手軽に撮影できます。

ビデオを撮る

1 カメラアプリを起動する

1 ホーム画面で**カメラ**をタップ

ビデオ撮影中は機内モードにしておくと便利

ビデオ撮影中にメールの通知があったり、電話がかかってきたりすると、撮影を中断しなくてはならず、撮り直しになってしまいます。ビデオ撮影のときだけ、通信機能をオフにする「機内モード」にしておくと、通信機能を一時的に停止できるので便利です。機内モードのオン／オフを切り替える画面は、ホーム画面を右上から下へスワイプしてコントロールセンター画面で設定します。撮影終了後はオフに戻します。

▲右上から下へスワイプする

▲機内モードのアイコンをタップしてオン／オフを切り替える

ビデオのデータサイズに注意

写真に比べて、ビデオはデータサイズが大きくなります。長いビデオを保存すると、スマホの空き容量が少なくなるので、注意しましょう。数秒から1分以内の短いビデオにすることが、スマホでビデオを見たり、送ったりするのにちょうどよいサイズです。

2 ビデオに切り替えて録画開始ボタンをタップする

写真モードになっている場合は、画面を右にフリックして**ビデオ**に切り替えます

1 録画開始ボタンをタップ

3 録画停止ボタンをタップする

1 録画停止ボタンをタップ

ここをタップすると、録画中に写真撮影ができます

ワンポイント 撮影したビデオを再生する

撮影したビデオは、撮影直後であれば［カメラ］アプリの左下をタップして再生できます。後から再生するなら、ホーム画面から［写真］をタップし、［アルバム］を開き、メディアタイプからビデオを選びましょう。

▲アルバムをスワイプして、「メディアタイプ」から［ビデオ］をタップする

▲一覧から再生したいビデオをタップして選ぶと、自動再生できる。画面の下の一時停止や音声ミュートなどをタップして再生できる

ビデオを加工する

1 ビデオ加工アプリを起動する

1 iMovieをタップ

App Storeからインストールしておきましょう

2 ビデオを編集する

1 プロジェクトとしてビデオを登録

2 編集をタップ

無料のビデオ編集アプリ

iPhoneで使える無料のビデオ編集アプリとしては、アップル社の「iMovie」がおすすめです。タイトルを入れたり、音楽と加えたりといったビデオ編集がスマホやタブレット（iPad）でできます

その他にも無料や有料のビデオ編集アプリが、iPhone用にもAndroidスマホ用にもあります。撮ったビデオに一味加えて、オリジナル作品を作りたいなら、ビデオ編集にチャレンジしてみましょう。

▲iMovieの説明画面

第5章

スマホでアプリを使おう

スマホは、自分の目的や用途に合わせた好みのアプリを使えるのが特長です。アプリは最初から入っているものと、後から追加して使うものがあります。この章では、使いたいアプリを探す方法と、使う前の準備、主な使い方を紹介します。

セクション

セクション 41

アプリを探すには

アプリの検索

スマホに入っていないアプリは、アプリを集めて提供している場所で探しましょう。アプリの名前が正確にわからなくても、名前の一部やキーワードで探せます。

アプリを集めたサービスにアクセスする

スマホでは、最初から画面に用意されているアプリのほか、多種多様なアプリが作られています。「App Store（アップストア）」はiPhoneで使えるアプリを集めて提供しているアプリのお店のような場所です。新しいアプリが欲しいときは、App Storeで探してみましょう。

ホーム画面から**App Store**をタップします

おすすめのアプリが表示されるので、**検索**をタップして、欲しいアプリを検索します

Androidでは Play（プレイ）ストア

Androidのスマホでは、「App Store」ではなくGoogle（グーグル）社が提供している「Playストア」を利用します。

App Storeを使うための準備

App Storeには、無料、有料のアプリが多数、登録されています。アプリを利用するには、スマホのアカウント「Apple ID」を使って認証します。アプリを探す前に、確認しておきましょう。詳しくは、セクション26を参照してください。

第5章

アプリを探す

1 キーワードを指定する

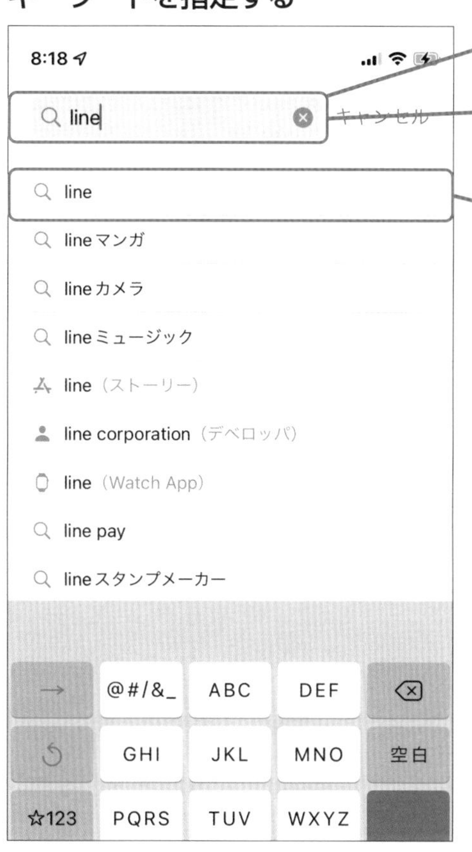

2 検索したアプリが表示される

キーワードを指定するときは

アプリを検索するときのキーワードをアルファベットで入力するときは、「LINE」、「line」と大文字、小文字のどちらで構いません。「ライン」と読みをカタカナで入力することもできます。

アプリについて詳しく知る

インストールする前に、どのようなアプリなのかをもっと知りたいときは、手順2のダウンロードをする画面で［入手］以外の場所をタップしましょう。アプリの詳細を説明した画面になり、下方向へフリックしていくと説明を読めます。スクロールして使っている人たちの評価を確認できます。

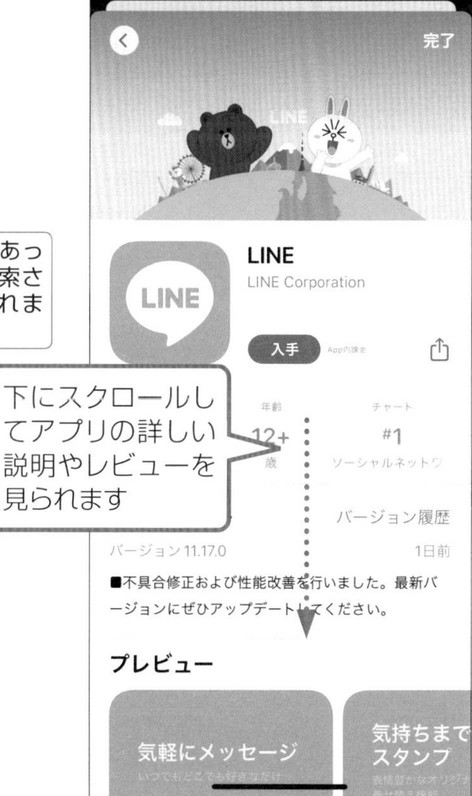
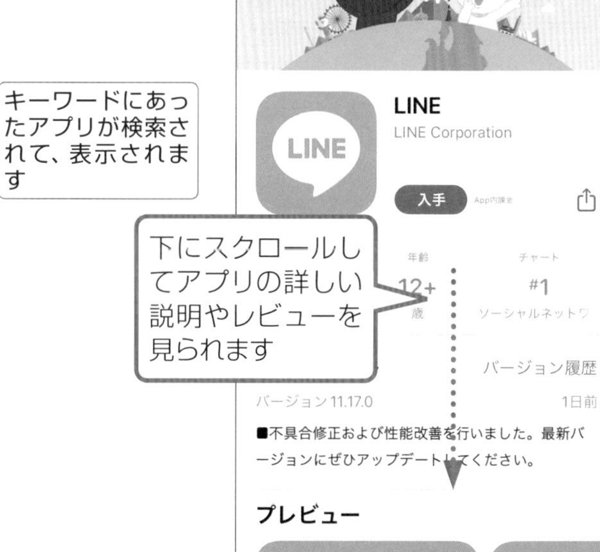

セクション

42 アプリをインストールするには

アプリのインストール

検索したアプリは、インストールすると、ホーム画面にアイコンが表示されて使えるようになります。アプリをスマホにコピーし、使う準備をしましょう。

アプリをインストールする

1 [入手] をタップする

1 検索したアプリの**入手**をタップ

2 [インストール] をタップする

1 **インストール**が表示されたらタップ

iPhoneで有料のアプリを使うときは

有料のアプリの場合は金額が書いてあるので、そこをタップします。支払いには、クレジットカードやiTunesカード（App Storeカード）が利用できます。iTunesカード（App Storeカード）は、App Storeで使えるプリペイドカードで、大手コンビニや家電量販店で入手できます。

Androidで有料のアプリを使うときは

Androidでは、Playストアから有料のアプリを購入します。支払いは、iPhoneと同じようにクレジットカードやプリペイドカードが使えるほか、携帯電話会社で利用料金と一緒に決済することもできます。

無料のアプリと有料アプリの違い

スマホのアプリは、有料だから使いやすくて優れているというものではありません。アプリによって、基本的な機能は無料版で、高度な機能は有料版で提供しているものもありますし、LINEのようにアプリは無料でスタンプは有料といったものもあります。まずは無料で使える、人気のあるアプリから使い始めることをおすすめします。

3 サインインする

1 Apple IDを確認しパスワードを入力

2 **サインイン**をタップしてインストールを開始

他の文字入力画面

Apple IDとパスワードを入力するときには、下のようなキーが表示されます。大文字と小文字の切り替えには、上向きの矢印を利用します。

4 [開く] をタップしてアプリを開く

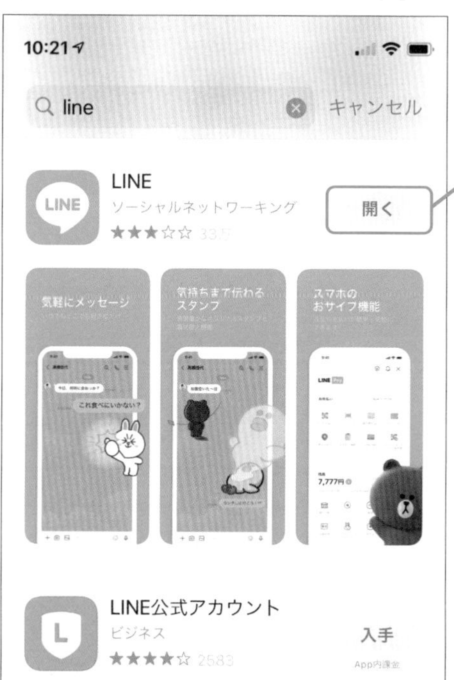

インストールが終わると、**開く**が表示されます

ここをタップするとアプリが開きます

アプリのアイコンを確認する

ホームボタンを押してホーム画面に戻り、画面をフリックして切り替えると、インストールしたアプリのアイコンが表示されていることが確認できます。

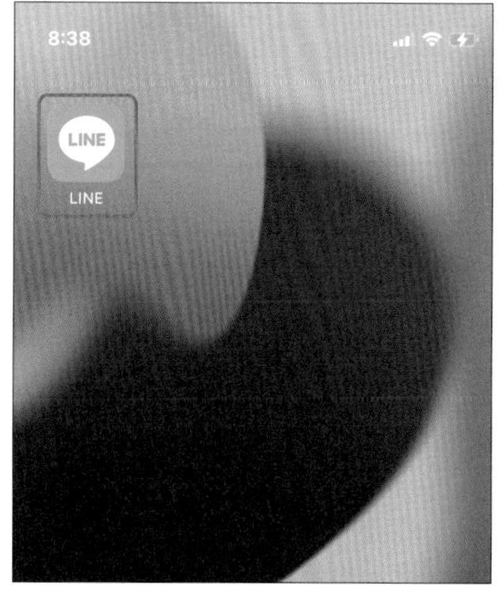

セクション

43 アプリを更新するには

アプリのアップデート

アプリは不定期に、不具合の修正や操作性を向上するために「アップデート」と呼ばれる更新があります。インストールしたアプリを更新して使いましょう。

アプリをアップデートする

1 [App Store] をタップする

1 右肩に数字が付いた**App Store**をタップ

右肩の数字はアップデートできるアプリの数です

2 アカウント画面を開く

1 アカウントのアイコンをクリック

3 アップデートする

タップすると、表示されているアプリが一度にアップデートできます

1 タップしてアップデート

アップデートのメリット

アップデートをすると、不具合の修正などがされるので、使い勝手が良くなります。また、セキュリティも強化されることが多くあります。

アプリの説明をタップすると、更新内容の画面に変わり、新機能を確認できます。

アプリの説明をタップして開き、新機能を確認します

第5章

4 アップデートが終了する

Wi-Fi回線に切り替えてアップデートする

サイズの大きなアプリのアップデートには、時間がかかります。通常の携帯電話会社の回線ではなく、Wi-Fi回線に切り替えると時間を短縮できます。

Wi-Fi回線に切り替えるには、ホーム画面の［設定］をタップし、［Wi-Fi］をタップして利用する回線を選択します。携帯電話会社のWi-Fiステッカーが貼っている場所や、飲食店や家電量販店、コンビニなど無料のWi-Fiスポットを利用するとよいでしょう。

Wi-Fi環境に切り替えているときだけ自動アップデートする

設定画面の「App Store」で［Appのアップデート］をオンにしていると、アプリのアップデートが発生したときに、自動的にアップデートするように設定できます。アップデートではデータを多く受信します。ホーム画面の［設定］をタップし、［App Store］の［モバイルデータ通信］をオフにすると、Wi-Fi回線に切り替えているときだけ自動アップデートが行われます。Wi-Fi回線がないときに、自動でLTEなどの回線でアップデートするのを防ぎます。データ通信のパケット代が気になる人におすすめの方法です。

セクション 44

使わないアプリを削除（アンインストール）するには

アプリのアンインストール

使わないアプリは削除しましょう。スマホのデータ容量の節約になり、ホーム画面もすっきり整理できます。

アプリを削除する

1 削除するアプリを長押しする

アプリを長押ししてもメニューが表示されない

アプリを長押しするときに、強く押しすぎると3D Touch機能が働き、メニューが表示されないことがあります。力を入れずに長押ししましょう。

アプリをまとめて削除する

複数のアプリを削除したいときには、ホーム画面のアイコンがない場所を長押しします。アイコンが揺れた状態になり（ー）が表示されますので、削除したいアプリの（ー）をタップします。（ー）をタップして削除を繰り返すことで、より簡単にアプリの削除ができます。削除が終わったら［完了］をタップします。

Androidでアプリを削除する

Androidの場合は、アプリケーション管理からアプリを削除します。［設定］をタップして、［アプリと通知］や［アプリ管理］をタップして選びます（機種によってメニューの名前は異なることがあります）。インストールされているアプリの一覧が表示されたら、削除したいアプリをタップして表示し、［アンインストール］をタップします。また機種によってはホーム画面の長押しから削除できることもあります。

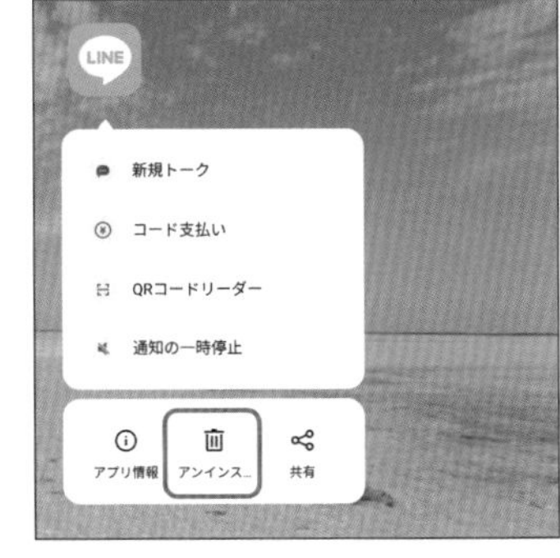

第5章

2 [Appを削除] をタップする

1 **Appを削除**をタップ

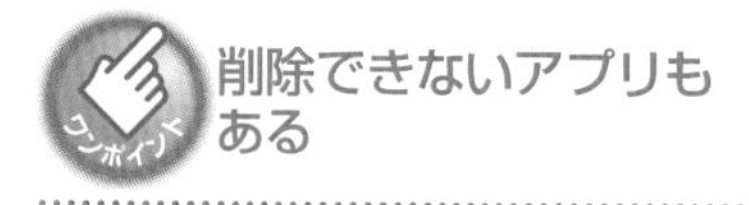

削除できないアプリもある

削除できるのは、後からインストールしたアプリです。始めからインストールされているiPhoneのアプリの一部は × が表示されず、削除はできません。

データも削除される

スマホからアプリを削除すると、そのアプリで利用したデータも削除されます。

削除しないで非表示にする

手順2の後に[ホーム画面から取り除く]をタップすると、アプリを削除せずにホーム画面のアイコンを非表示にできます。普段はあまり使わないアプリでもアプリのデータなどを保存しておきたいときに便利です。ホーム画面から取り除いたアプリは、ホーム画面を左にスワイプしいちばん右の画面まで移動したところにある「Appライブラリ」から起動したり、ホーム画面に戻すことができます。「Appライブラリ」にはインストールされているすべてのアプリが登録されています。

アイコンが増えすぎたときの整理

「アプリをたくさん入れたけれど削除をしたくない」というときは、フォルダーにまとめてグループ化すると、ホーム画面が見やすくなります。アイコンを移動するには、アイコンを長押しし、揺れている状態でドラッグします。

アイコンをグループ化するには、アイコンが揺れている状態で、アイコンをフォルダーや別のアイコンに重ねます。ページ間でフォルダーやアイコンを移動する方法は、セクション65を参照してください。

アイコンを長押しして、**ホーム画面を編集**をタップしたら、揺れている状態で別のアイコンに重ねます

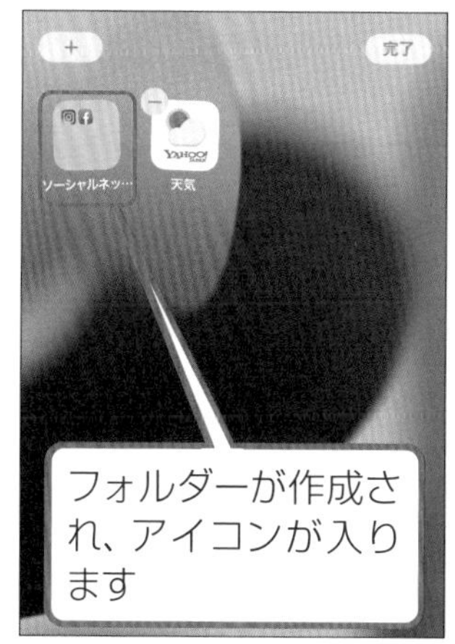

フォルダーが作成され、アイコンが入ります

セクション

45 文字を入力するには

トグル入力とフリック入力

スマホでの文字入力には、ケータイと同じように文字をタップして入力する「トグル入力」と、指先ではじくように入力する「フリック入力」とがあります。

文字を数回タップして入力する（トグル入力）

● 「つ」と入力する

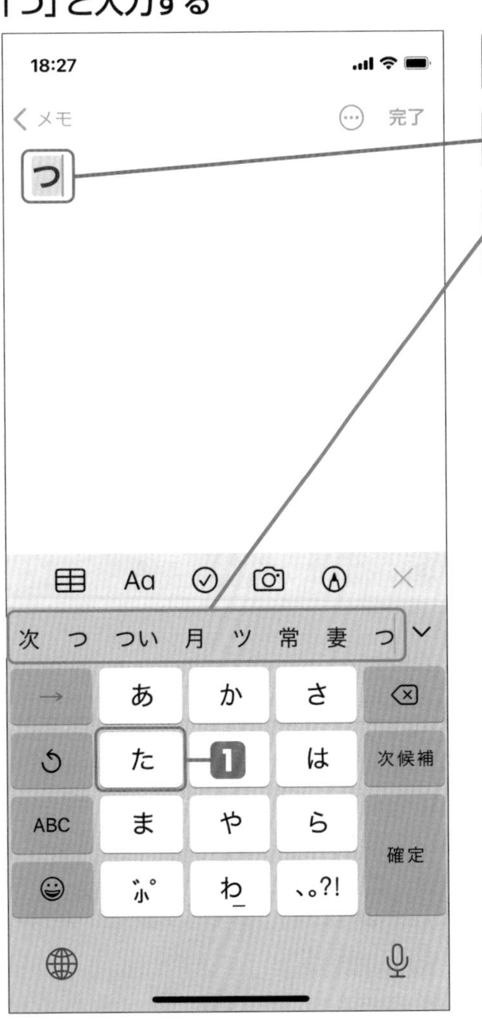

1 「た」を3回タップ

「つ」が入力されます

入力候補をタップすると入力できます

トグル入力

「トグル入力」とは、ガラケーと同様に、文字ボタンを数回タップして入力する方法です。たとえば「い」と入力したいときは、「あ」の文字を2回タップして入力します。

入力した文字を取り消す

入力した文字を取り消したいときは、⌫をタップします。

▲キーボード右上の⌫をタップ

文字を上下左右に動かして入力する（フリック入力）

● 「の」と入力する

1 「な」を下にフリック

「の」と入力されます

フリック入力

スマホやタブレット特有の入力方法で、「い」と入力したいときは、「あ」の文字を上にはじくようにします。日本語入力の場合、イ段は左、ウ段は上、となっていますので、慣れれば素早く入力できます。

文字種の切り替え

画面左側の［ABC］をタップすると、数字や英字を入力できる画面に切り替わります。

フリックする方向がわからなくなったら

文字を長押しすると、入力できる文字が上下左右に表示されます。たとえば、「な」を長押しすると、「に」「ぬ」「ね」「の」が周囲に表示されるので、入力したい文字が表示されている方向へフリックします。

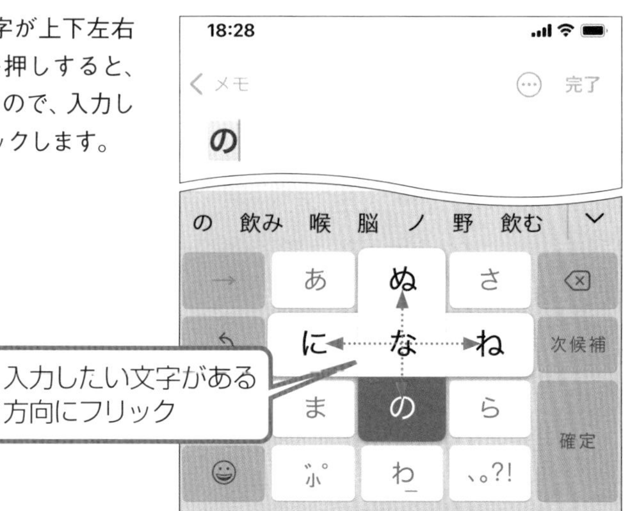

セクション 46

絵文字を入力するには

絵文字の入力

表情を表す絵文字を使うと楽しい雰囲気になり、気持ちを伝えやすくなります。絵文字は、文字を入力する画面から切り替えて一覧から入力します。

絵文字入力に切り替える

1 「絵文字」のキーボードに切り替える

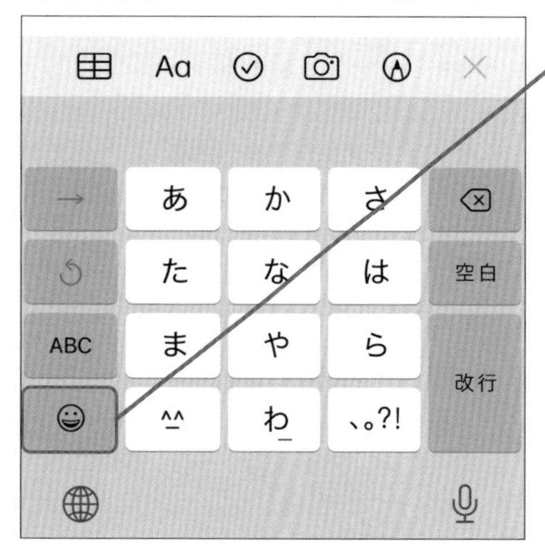

1 **絵文字**をタップ

2 絵文字を入力する

1 絵文字をタップ

絵文字が入力されます

ワンポイント 絵文字の種類を切り替える

絵文字は、表示されているほかにもたくさんの種類があります。切り替えて確認してみましょう。

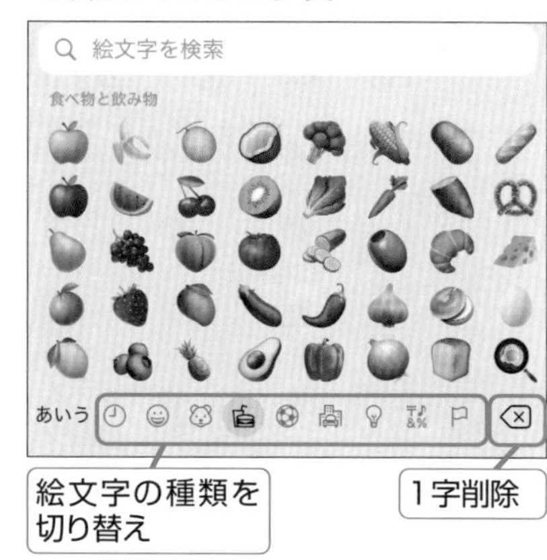

絵文字の種類を切り替え

1字削除

ワンポイント 絵文字が正しく表示されないときもある

絵文字を他機種に送信すると、正しく表示されなかったり、相手が見られなかったりすることがあります。メールで絵文字を送るときは、絵文字は雰囲気を盛り上げるためのものと考え、その絵文字がなくても内容がわかるようなメッセージを作成しましょう。

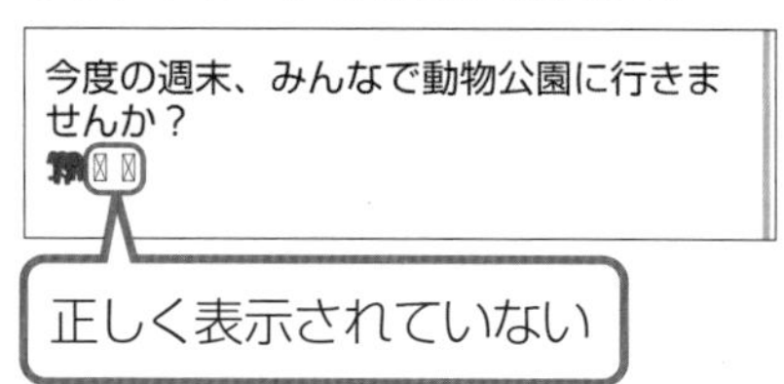

正しく表示されていない

第5章

セクション

47 音声入力を利用するには

音声入力

iPhoneでは、ホームボタンを長押しすると、音声入力の「Siri（シリ）」が使えます。声で話して、入力ができます。

音声入力に切り替える

1 マイクのマークをタップする

2 入力したい内容を話し、[完了] をタップする

Androidで音声入力する

Androidのスマホでも、音声入力できます。Google音声入力などのアプリを使います。

音声入力を有効にする

音声入力を初めて使うときは、音声入力ボタンをタップすると、下のような画面が表示されます。音声を分析するためにデータが送られることを許可するかどうかの確認です。［音声入力を有効にする］をタップして、利用しましょう。

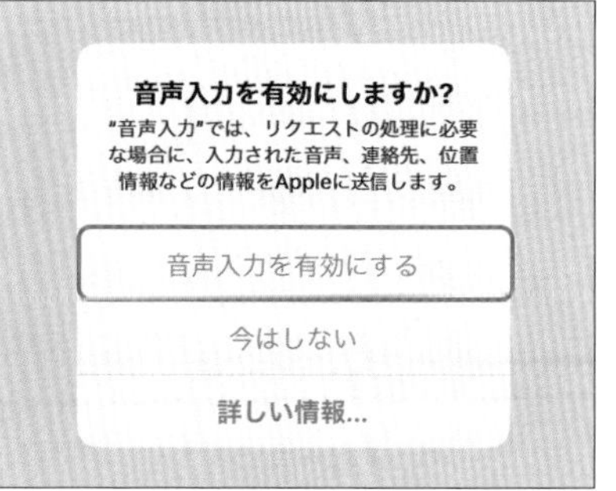

▲音声入力を有効にするよう設定

音声で句読点を入力する

音声入力で句読点を入力するときは、「てん」「まる」と発音します。行を変えるときは「かいぎょう」、「！」は「びっくりまーく」、「？」は「はてなまーく」です。

セクション 48

インターネットのWebページを見るには

ブラウザーアプリの使い方

インターネットのWebページでさまざまな情報を見るには、ホーム画面にあるブラウザアプリのSafari（サファリ）を使います。

Webページを探す

1 Safariのアイコンをタップする

1 Safariをタップ

2 キーワードを入力する

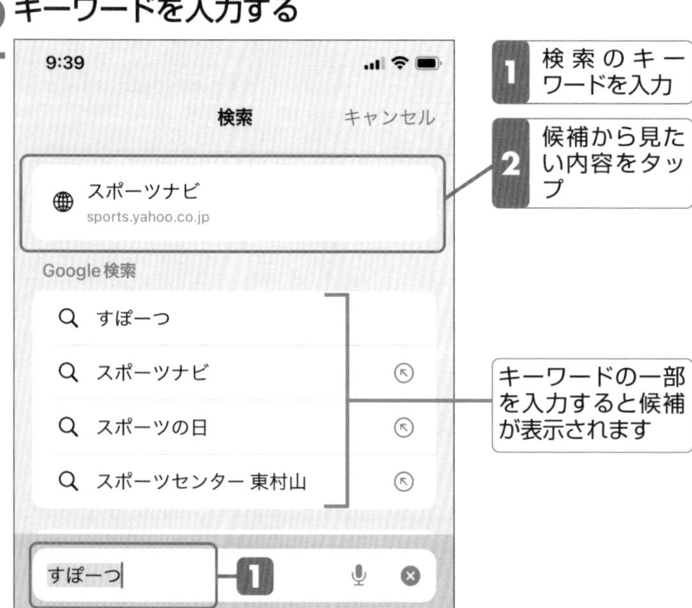

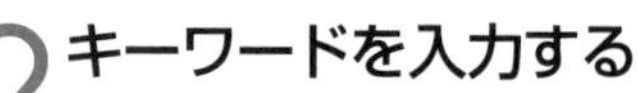

1 検索のキーワードを入力

2 候補から見たい内容をタップ

キーワードの一部を入力すると候補が表示されます

ワンポイント Androidではgoogleから検索する

Androidでは、Googleアプリを起動するか、Googleの検索欄にキーワードを入力して検索します。

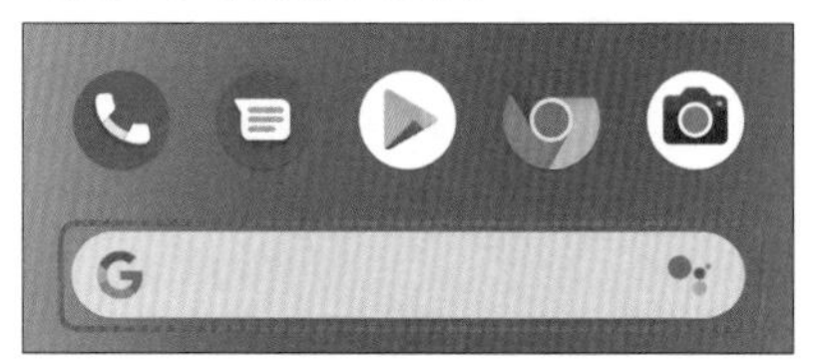

▲［Google］をタップしてGoogleを起動してキーワードを入力。またはGoogle検索欄にキーワードを入力する

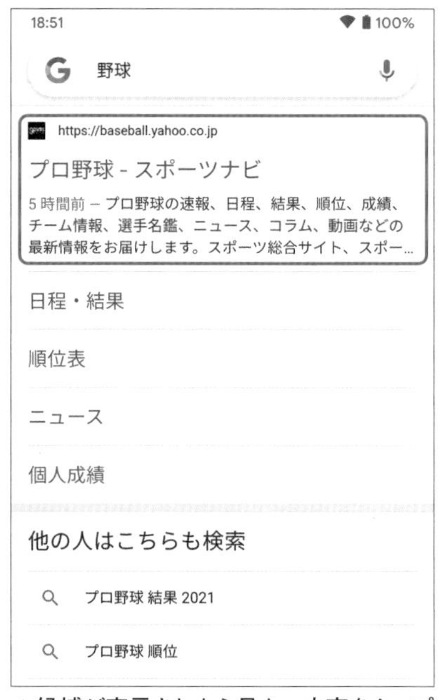

▲候補が表示されたら見たい内容をタップ

3 Webページが表示される

Googleアプリをインストールする

iPhoneでGoogleを使ってWebページを検索しやすくしたいときは、Googleアプリをインストールしておくと便利です。App StoreでGoogleアプリを入手します。

▲「Google」で検索し、Googleアプリが表示されたら［入手］をタップ

Webページを閉じる

1 右下のボタンをタップする

ページを開き過ぎない

見終わったWebページは閉じておきましょう。Webページをいくつも開いたままにしておくとメモリを消費し、使用していたアプリが動かなくなることもあります。

2 ［×］をタップする

セクション 49

ネットショッピングを使うには

インターネットで手軽にショッピング

スマホを使うと、いつでもどこからでも手軽にショッピングを楽しめます。Amazonや楽天など大手のショッピングサイトなら初心者でも安心して使えます。

Amazonでショッピングする

1 アプリをインストールする

1 Amazonアプリをインストールしてユーザー登録する

発送先となる住所や名前のほかに、年齢など必要な情報を登録します

2 商品を検索する

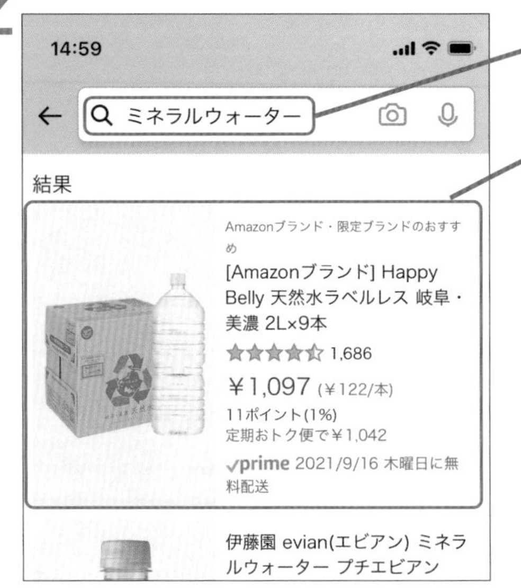

1 キーワードを入力して商品を検索

2 商品を表示

おすすめの商品

ネットショッピングをしていると、検索や購入の傾向を分析して、おすすめの商品が表示されるようになります。思わぬ掘り出し物が見つかることもあります。

第5章

3 カートを表示する

1 **カートに入れる**をタップ

4 購入手続きを進める

1 **レジに進む**をタップ

支払方法や発送方法を選択、確認します

5 商品を購入する

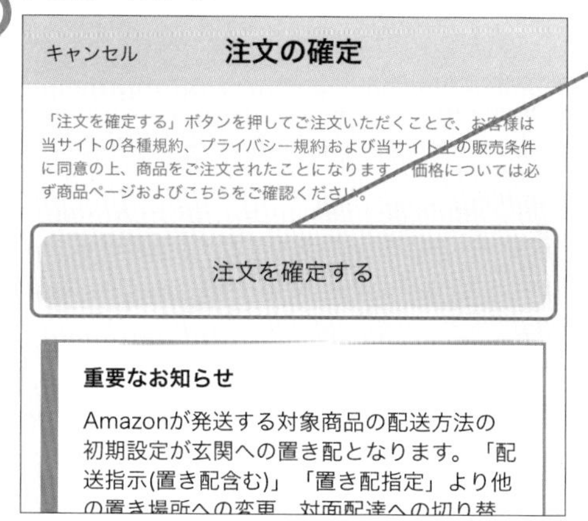

1 **注文を確定する**をタップ

ワンポイント 支払方法を選ぶ

ネットショッピングでは、さまざまな支払方法を選択できます。クレジットカード決済のほか、銀行振込や代金引換などがあり、一部ではPayPayなどのスマホ決済を利用できるショッピングサイトもあります。

楽天市場でショッピングする

1 アプリをインストールする

1 楽天市場アプリをインストールしてユーザー登録をする

発送先となる住所や名前のほかに、年齢など必要な情報を登録します

ショップのポイント特典

ネットショッピングでは、スーパーや家電店などの実店舗と同じようにポイントを貯めて次のショッピングで利用できるといった特典を用意しているところが多く、会員登録して活用すればお得にショッピングができます。

2 商品を検索する

1 キーワードを入力して商品を検索

3 カートを表示する

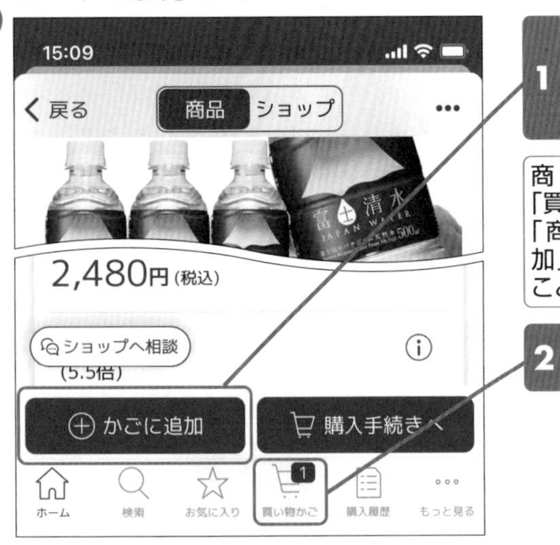

1 購入する商品を表示して**かごに追加**をタップ

商品によっては「買い物かごへ」や「商品をかごに追加」と表示されることもあります

2 カートのアイコンをタップ

4 購入手続きを進める

1 **購入手続き**をタップ

5 商品を購入する

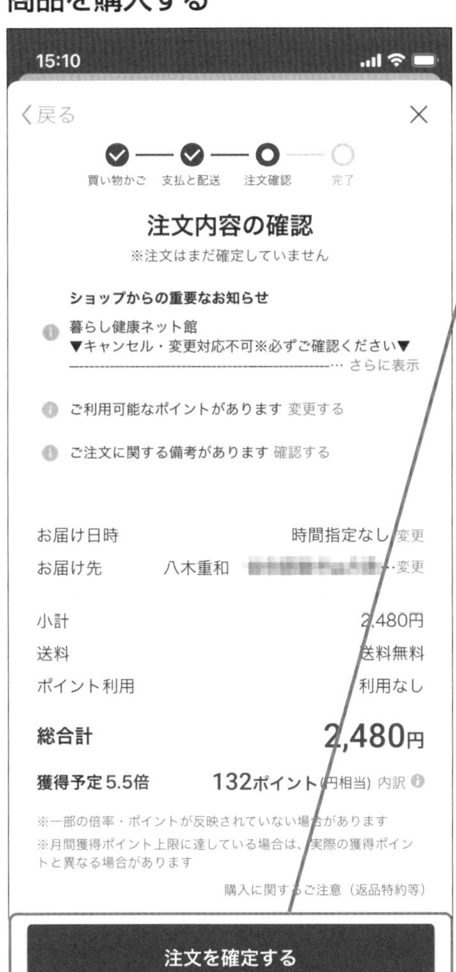

支払方法や発送方法を選択、確認します

Amazonと楽天の違い

Amazonでは、多くの商品をAmazonが仕入れて販売しています。これらには「販売元」にAmazonと表示され、購入した商品はAmazonから送られてきます。これに加えて、世界中の事業者がAmazonという場所に出店して販売する「マーケットプレイス」という仕組みがあり、各事業者が販売、発送を行う商品もあります。こちらは「販売元」に各事業者が表示され、見分けることができます。

一方で楽天市場は基本的にいろいろな事業者が楽天市場の中に出店して販売する方式で、発送や販売は各事業者が行っています。

▲Amazonでは「販売者」を見ることでどの事業者が販売しているかわかる

セクション

50

音声でWebページを探すには

音声入力の活用

iPhoneの音声入力機能「Siri（シリ）」は、Webページの検索や知りたいことを調べるときにも便利です。

SiriでWebページを探す

1 サイドボタンを長押しする

1 サイドボタンを長押しする

Siriを声で呼び出す

「Hey! Siri（ヘイ、シリ）」と呼びかけても起動できます。Siriを起動する方法は、「設定」アプリの「Siriと検索」で選択できます。

2 Siriに音声で探したいWebページを指定する

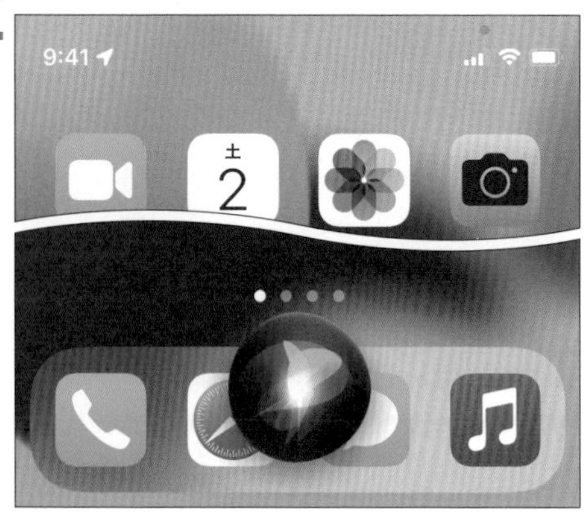

1 画面下に円形のアイコンが表示されたら、探したいWebを音声で指示する

ホームボタンがあるiPhoneでのSiriの起動

iPhone SEなどホームボタンがあるiPhoneでは、ホームボタンを長押ししてSiriを起動します。「Hey! Siri（ヘイ、シリ）」と呼びかけても起動できます。

Webページを探すには

Siriを起動し、「○○○のウェブを探して」と話しかけます。

第5章

3 検索されたWebページから見たいものを選択

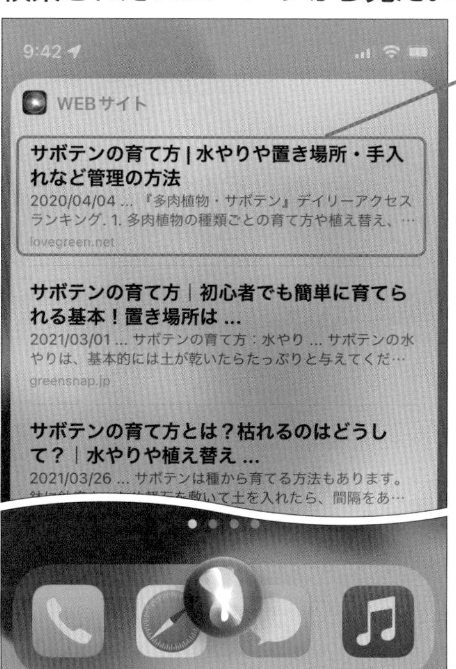

1 見たいWebページをタップ

4 Webページの内容を確認

検索したWebページの内容を見ます

Androidで音声によるWebページの探し方

ホーム画面のGoogleアシスタントアイコンや、Googleアプリの検索欄のマイクのアイコンをタップして、内容を声で指定します。

▲Googleアシスタントのアイコン

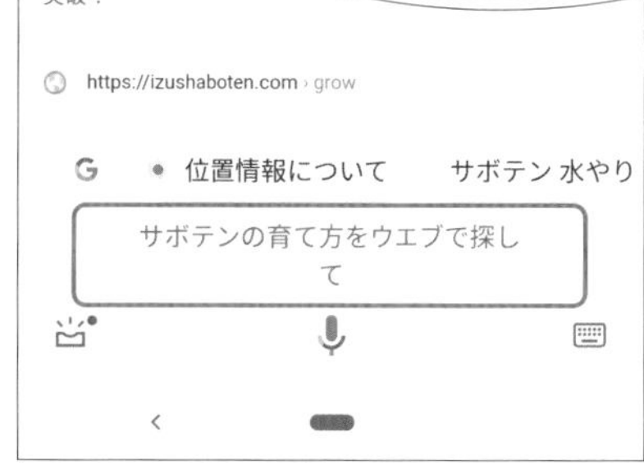

声の指示で操作する

SiriやGoogleアシスタントでは、Webページを探すだけでなく、さまざまな操作を声で指示できます。

たとえば「明日の7時にめざましをセットして」「今から新宿駅に行きたい」「明るい音楽をかけて」など、やってほしいことを自然な言葉で話してみましょう。

セクション

51

Gmail（ジーメール）を使うには

Gmailの特徴と使い方

Gmail（ジーメール）は、Google（グーグル）社が提供する無料のメールサービスです。Gmailアプリをインストールし、アカウントを作成しましょう。

Gmailの特長

Gmailは、「クラウド」と呼ぶインターネットにつながったコンピューターに、メールのデータを保存し、いつでも、どこからでも使える便利なメールサービスです。

クラウドサービスの強みは、自分が受信したり、送信したりしたメールの内容が、インターネットにつながっていれば、場所や機器を問わず使えることです。スマホだけでなく、パソコン、タブレットからも利用できます。

ラベルを付けてメールを整理したり、重要なメールを目立たせたりといった便利な機能も備えています。

● 一つのメールアドレスを、複数の端末で使える

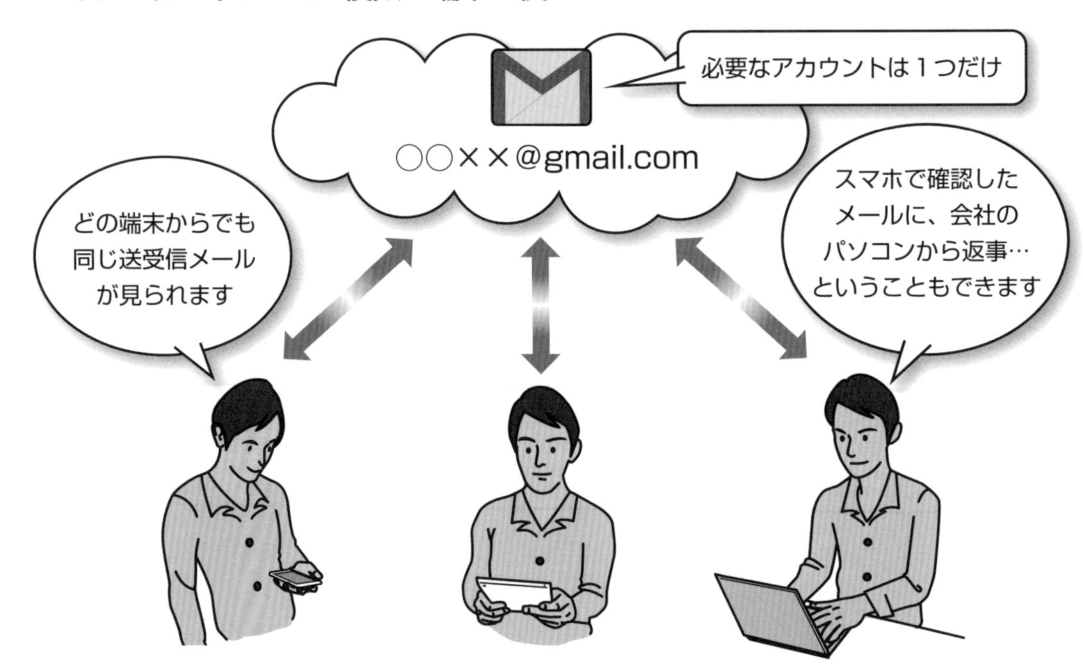

Gmailを使うにはアカウントが必要

Gmailアプリをインストールすると、続けてアカウントを作成することができます。Andoroidのスマホの人は、スマホの初期設定で使ったアカウントを使いましょう。

Googleアカウントは、メールを送受信するときの宛先（メールアドレス）となり、他の人と同じものは設定できません。また、このアカウントはメールだけではなく、Google（グーグル）が提供する他のサービスを受けるときにも利用できます。詳しくは、セクション26を参照してください。

Gmailを使う

1 アプリをインストールし、アカウントを追加する

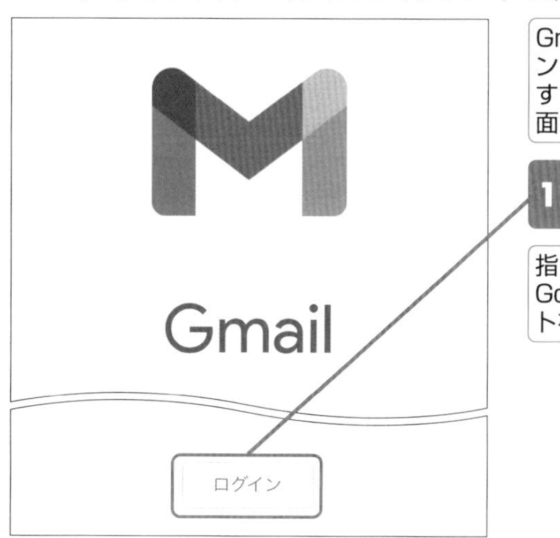

Gmailアプリのインストールが終了するとログイン画面が表示されます

1 **ログイン**をタップ

指示に従ってGoogleアカウントを作成します

2 受信トレイを開いてメールを作成する

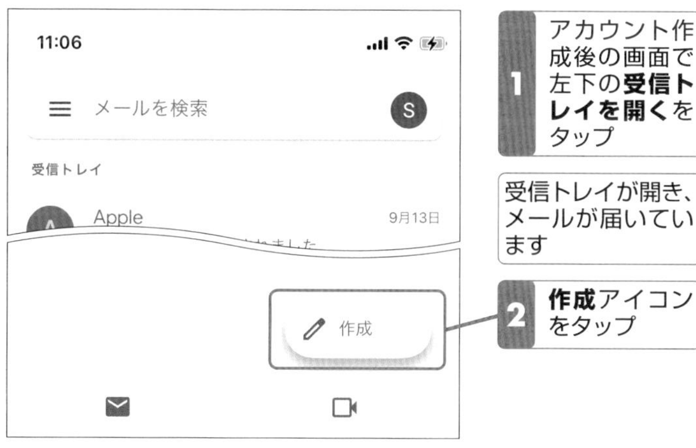

1 アカウント作成後の画面で左下の**受信トレイを開く**をタップ

受信トレイが開き、メールが届いています

2 **作成**アイコンをタップ

3 宛先や内容を入力して送信する

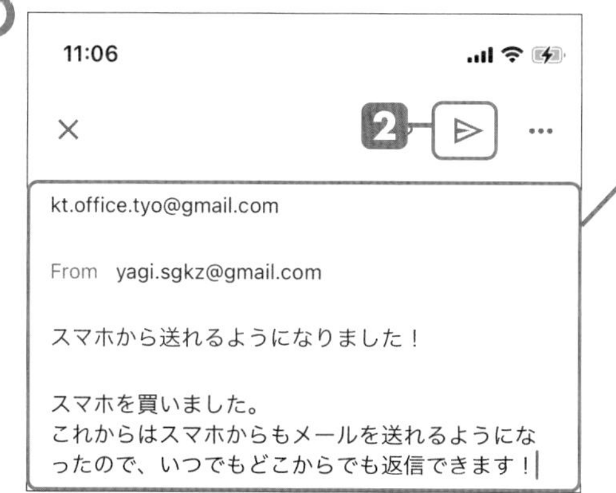

送信画面が開きます

1 相手のメールアドレスや件名、内容を作成

2 タップして送信

ワンポイント Gmailの設定をする

自分の写真を設定したり、署名を作成したりするには、画面左上のメニューアイコンをタップします。左側にメニュー画面が表示されたら［設定］をタップして、必要な設定をします。

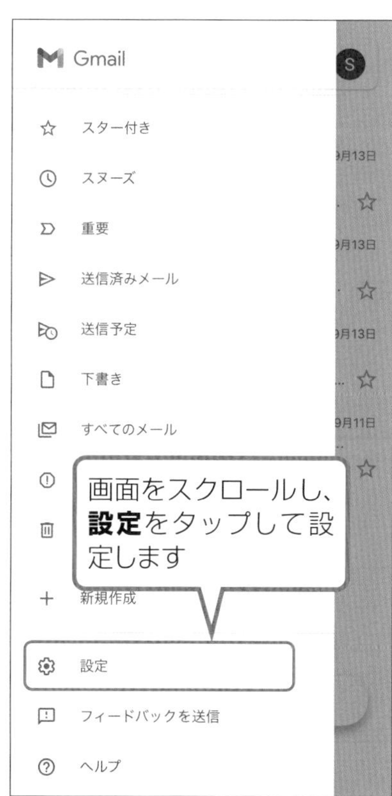

セクション 52

YouTube（ユーチューブ）で動画を見るには

YouTubeアプリでの動画視聴

YouTubeの動画を見るためには、YouTubeアプリをインストールします。会員登録をすれば、動画を公開したり、お気に入りを登録できます。

YouTubeで動画を見る準備をする

● YouTubeアプリを起動する

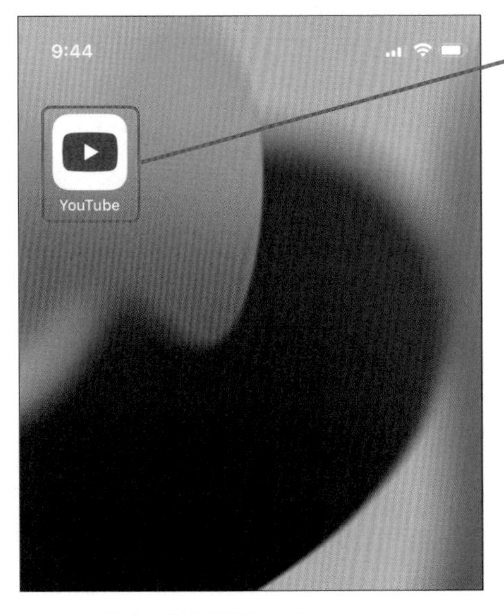

1 ホーム画面で**YouTube**をタップ

YouTubeアプリをインストールする

YouTubeのアプリは、ホーム画面の[App Store]をタップし、入手してインストールします。詳しくは、セクション41、42を参照してください。

AndroidでYouTubeの動画を見る

Androidでは、ホーム画面やアプリの一覧画面で[YouTube]をタップして、アプリを起動して使います。YouTubeのアプリは、機種によっては、最初からインストールされている場合もあります。

YouTubeの会員登録

Googleアカウントがあれば、そのGoogleアカウントでYouTubeにログインでき、動画のアップロードやコメントの入力などができます。なお、新規に会員登録するには、メニュー画面にある[ログイン]をタップして設定します。

動画を見るだけなら、会員登録をしなくても利用できます。

YouTube へようこそ

S Yagiさん、ようこそ
@gmail.com
S Yagiとして続行

Googleアカウントがある場合は、ここをタップするとログインできます

動画を見る

1 YouTubeのホーム画面が開く

YouTubeを起動するとホーム画面が開きます

1 画面をスクロールして見たい動画を探す

2 見たい動画を選ぶ

1 再生する動画をタップ

ワンポイント 検索して動画を見る

キーワードを入力して、動画を検索することができます。キーワードを入力すると候補の一覧が表示されることがあるので、そこから選ぶこともできます。

検索をタップします

画面上部をタップしてキーワードを入力し、検索結果が表示されたら動画を選択します

セクション

53 音楽を聴くには

音楽アプリの使い方

スマホで聴くための楽曲を購入するには、iPhoneではiTunes Store（アイチューンズ・ストア）、AndroidではPlay Music（プレイ・ミュージック）を利用します。

iTunes Storeで音楽を検索する

1 iTunes Storeを開く

1 ホーム画面で **iTunes Store** をタップ

「Apple Music」で音楽を楽しむ

Appleでは、定額の音楽サービスを提供しています。好きな音楽をインターネットに接続して楽しむサービスです。［ミュージック］をタップすると、さまざまなおすすめのリストが表示されます。定額サービスを利用するには、Apple IDを使って登録をしておきます。

iTunes Storeとは

「iTunes Store」はApple（アップル）社が運営するサービスで、音楽をはじめ、映画やオーディオブックなどをApple IDを使って購入できます。

第5章

2 [検索] をタップする

3 キーワードを入力し、音楽を選択する

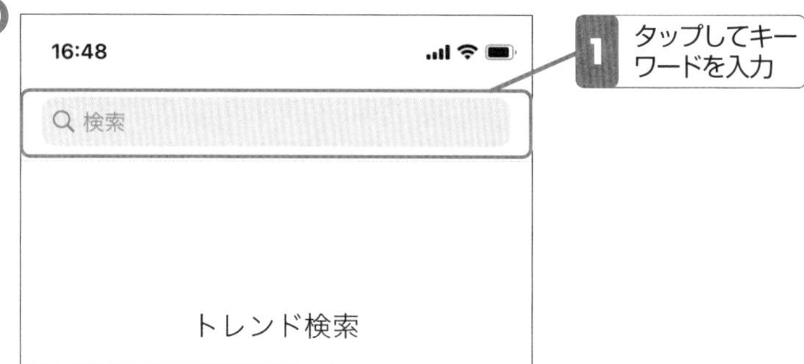

4 曲名をタップして視聴する

ワンポイント 楽曲を購入するには

楽曲を購入するには、金額表示をタップします。支払いには、クレジットカードやコンビニ等で購入できるiTunesカード(App Storeカード)が利用できます。支払方法は、「設定」から「Apple ID」などの情報が登録されている一番上の項目(自分の名前が表示されている部分)をタップし、[支払いと配送先]で設定しておきます。

支払いをタップします

Androidのスマホで音楽を聴く

1 YouTube Music アプリを起動する

1 YouTube Music(YT Music) をタップ

2 再生する曲を探す

1 **検索**をタップ

3 曲名を入力する

1 アーティスト名や曲名を入力して検索する

2 再生する曲をタップ

曲が再生されます

YouTubeの音楽配信サービス

YouTube Musicは、YouTubeが提供している音楽配信サービスです。YouTubeといえば動画共有サイトのイメージがありますが、YouTube Musicは動画共有サイトのYouTubeとは別のサービスです。Androidのスマホだけでなく、iPhoneでも利用できます。

お気に入りのアーティスト

YouTube Musicアプリをはじめて起動したときに、お気に入りのアーティストを選んでおくと、好みに合った曲がおすすめとして表示されます。

有料プランは広告なし

YouTube Musicは無料で利用できますが、無料の場合は曲の再生がはじまる前に広告が流れます。有料プランに登録すると広告がなくなる他、再生しながら他のアプリを使うといった機能が増えます。

Androidのスマホでプレイリストを再生する

1 プレイリストのジャンルを選ぶ

1 YouTube Musicアプリのホーム画面を表示

2 プレイリストのジャンルをタップ

2 プレイリストを選ぶ

1 プレイリストをタップ

3 曲を再生する

1 **再生**をタップ

YouTube Musicには、さまざまなプレイリストが登録されています。プレイリストには、その時の気分に合う曲が登録されていて、連続して再生できます。

関連する曲

音楽の再生中に［関連する曲］をタップすると、その曲と関連する曲が表示されます。表示される曲は、同じアーティストの曲や同じ時期のヒット曲、同じような雰囲気の曲などさまざまです。

セクション

54 地図を使うには

地図アプリの使い方

スマホの地図では、指を使って拡大縮小したり、自宅からの経路を案内してくれたり、目的地周囲の施設や、口コミ情報などの表示といったことができます。

目的地までの経路を調べる

1 マップアプリを起動する

1 ホーム画面で**マップ**をタップ

2 住所または施設名を入力する

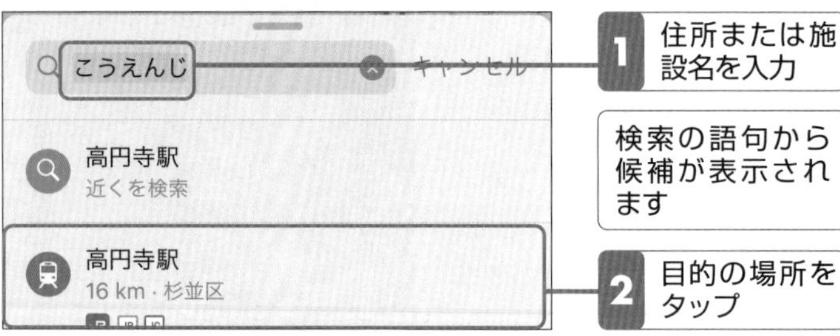

3 所要時間のアイコンをタップする

1 所要時間のアイコンをタップ

画面を拡大／縮小する

地図を拡大するには、2本の指で画面に触れ、間隔を広げていきます。この操作を「ピンチアウト」と呼びます。縮小するときは反対に、2本の指の間隔を狭めます。この操作は「ピンチイン」です。ピンチアウトして目的地周辺の建物を確認したり、ピンチインをして広範囲に地図を眺めたりすることができます。

▲ピンチアウトして地図を拡大する

第5章

4 [出発] をタップする

1 移動方法をタップ

徒歩や車など移動方法を変更したいときは、移動方法のマークをタップします

2 **出発**をタップ

5 地図に従って移動する

1 指示に従って移動

目的地に到着または途中で案内をやめたい場合は、**終了**をタップします

施設の情報を見る

商業施設などを検索すると、その場所の情報やWebページのリンクを表示することができます。

経路の案内を終了するには

経路の案内を終了するときは、画面をタップすると左上に表示される [終了] をタップします。

ストリートビューを使う

地図を表示したときに双眼鏡のアイコンをタップすると、実際のその場所を写真で見ながら動かせる「ストリートビュー」を使えます。ストリートビューでは、地図をドラッグしながら地図上の双眼鏡のアイコンを動かすと、位置や向きを変えることができます。

▲双眼鏡のアイコンをタップする

▲地図を動かしながら実際のその場所の写真を見ることができる

セクション

55 LINEを使うには

LINEでのトーク

LINE（ライン）は、手軽にやり取りできるコミュニケーションツールです。友だちと1対1でメッセージを送り合ったり、グループの中でやりとりできます。

LINEでできること

LINEの特徴は、主に電話帳に登録された友人達と、簡単にコミュニケーションできることです。文字や、「スタンプ」と呼ばれるイラストでメッセージ交換をする「トーク」、日々の出来事などを自由に投稿できる「タイムライン」、そして「音声通話」や「ビデオ通話」といったサービスがあります。

● トーク

1対1でも、グループのメンバーとでもメッセージをやり取りできる。文章だけでなく「スタンプ」を使って楽しいメッセージのやりとりができる

● 音声通話・ビデオ通話

携帯電話会社が違う相手でも、LINEで「友だち」になれば無料で通話やビデオ通話で話せる。ただし、データ通信料はかかる

● タイムライン

近況を知らせたり、気持ちをつぶやいたりする画面。ここでやり取りする相手は自分で決められる

LINEの画面

トークやタイムラインを利用するには、画面下部で切り替えます。友だち一覧を表示するなら［友だち］を、タイムラインを表示するなら［タイムライン］をタップして切り替えます。右端の［ウォレット］をタップすると、送金やスタンプショップなどの決済サービスや関連サービスの一覧を開きます。

▲画面下部のメニューで切り替える

第5章

LINEの新規登録

LINEアプリをインストールすると、続けてログインまたは新規登録ができる画面になります。LINEでは1つの電話番号につき、1つのアカウントが登録できます。そのため、新規登録をするときには、自分の電話番号の入力が必要です。すると、LINEから電話番号を認証するためにSMS（ショートメッセージサービス／電話番号を宛先として送るメール）が送られるので、そこに書いてある番号を新規登録画面で入力します。強度な迷惑メールの設定をしている場合は、新規登録の間だけ解除しておくとよいでしょう。

LINEのアカウントを作成する

● 新規登録する

アプリのインストール終了後の画面です

1 **新規登録**をタップ

画面の指示に従ってアカウントを作成します

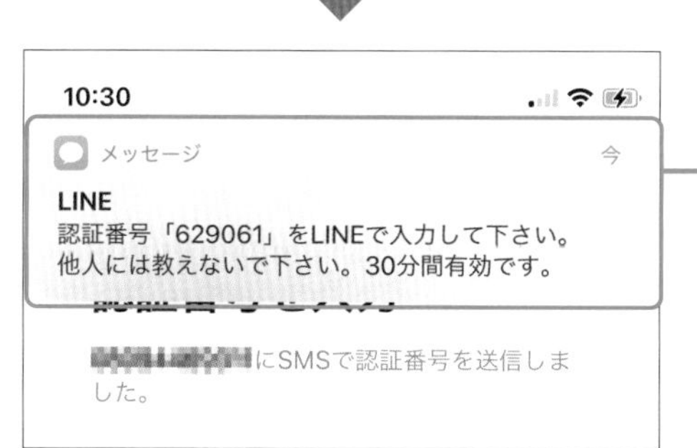

アカウントの新規登録では携帯電話のショートメールを使って番号を受け取り、番号を入力して認証します

LINEの「友だち」とは

LINEは、アドレス帳（iPhoneの「連絡先」）を利用し、「友だち」を追加します。例えばAさんとBさんがお互いを自分の連絡先に登録していると、LINEは二人を友人と判断し、お互いを自動的にLINE上での「友だち」に自動追加します。

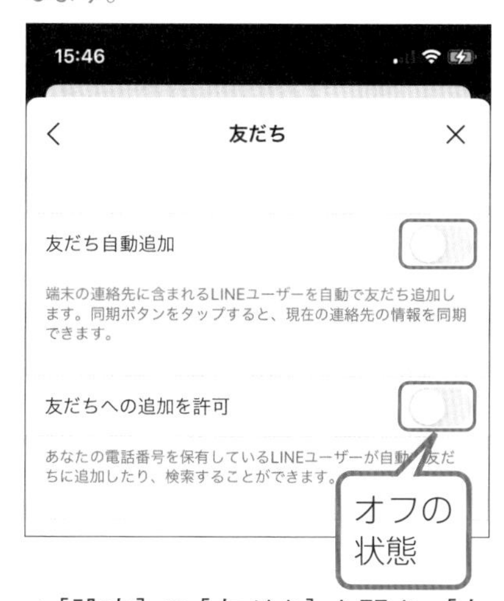

▲［設定］の［友だち］を開き、［友だち自動追加］や［友だちへの追加を許可］をオフにしておけば、手動で追加できる

友だちを追加する

1 [友だち] 追加をタップする

2 追加方法を選択する

1 友だち追加の方法を選択

自分の電話帳に登録されている友だちで、LINEの友だち自動追加を許可している人がいると、友だちに自動的に追加されます

ワンポイント 友だちを手動で追加するには

友だちを自動追加したくない場合は、「友だち自動追加」をオフにしておきましょう。前ページのワンポイントを参考にしてください。手動で追加する方法には、次の3つの方法があります。

- **招待する**
- **QRコードを発行して読み込む**
- **ID検索をする**

今会っている人とその場でお互いに友だちに追加するときには、QRコードの利用が便利です。LINEアプリでQRコードを表示し、相手がスマホのカメラで読み込むと、相手は自分を友だちに登録できます。友だち登録されたら、通知やトークから自分も相手を友だちに登録します。

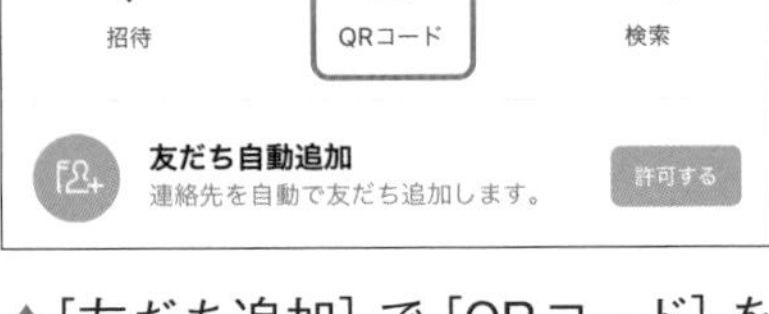

▲[友だち追加]で[QRコード]をタップする

▲QRコードを読み取るカメラが起動するので相手のQRコーを読み取れば追加される。また自分のQRコードを表示するには「マイQRコード」をタップする

グループを作って友だちを登録する

1 [グループを作成] をタップする

2 グループに入れたい友だちを選択する

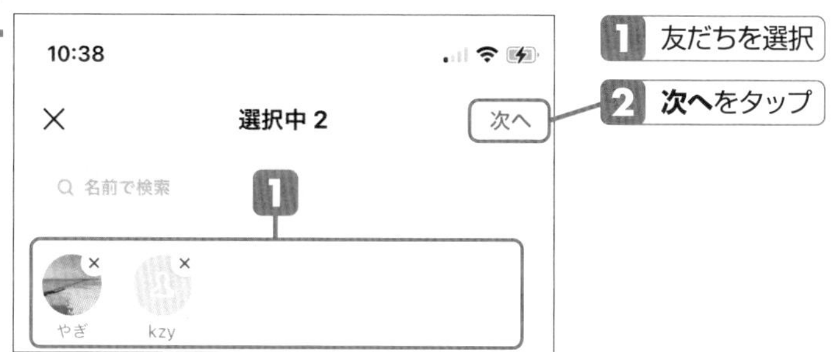

3 グループ名を入力して、メンバーを追加する

グループに招待されたら

グループに入れたい人を選択して保存すると、友だちにグループの招待メッセージが送られます。メッセージを開いて [参加] をタップするとグループに登録されます。グループの人とはトークや通話ができます。

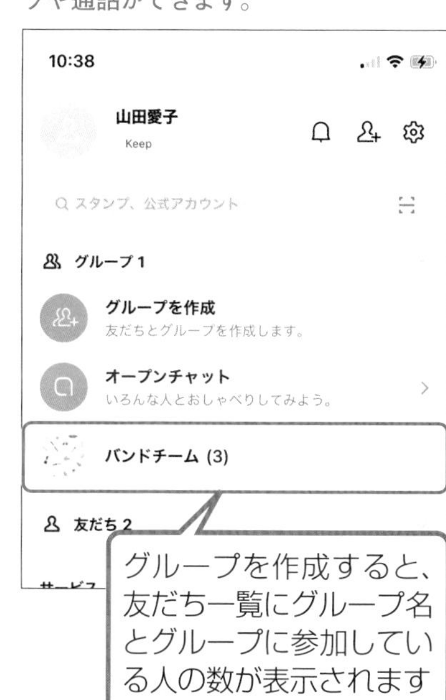

トークをする

1 トークしたい相手を選ぶ

1 **友だち**をタップ

2 トークの相手を選ぶ

次回同じ相手とトークする場合は**トーク**画面から選択できます

2 [トーク] をタップする

1 **トーク**をタップ

友だちのプロフィール画面が表示されます

3 メッセージを入力して送信する

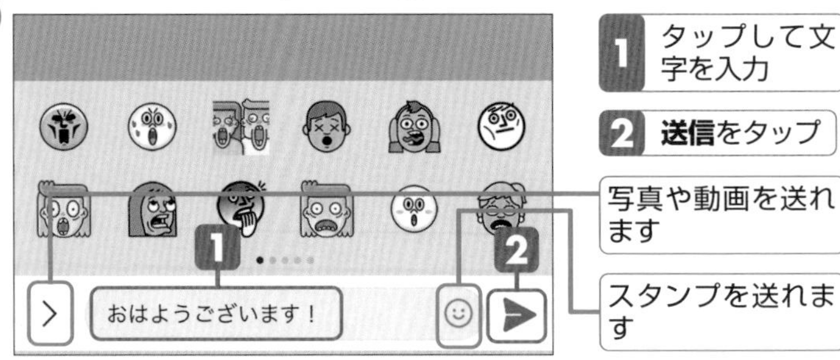

1 タップして文字を入力

2 **送信**をタップ

写真や動画を送れます

スタンプを送れます

相手が読むと「既読」になる

LINEの特徴の1つが、相手がメッセージを読んだことがわかる「既読」機能です。トークに送信したメッセージを相手が読むと、メッセージに「既読」と表示されます。グループの場合は誰が読んだかまではわかりませんが、読んだ人の人数が表示され、全員読んだかどうかわかります。

▲メッセージを相手が読むと「既読」と表示される

▲グループでは読んだ人の人数が表示される。自分を数から除いた（グループの人数−1）になったら全員読んだことになる

第5章

スタンプを送信する

1 スタンプを表示する

1 トーク画面で顔のアイコンをタップ

2 スタンプを選んで送信する

1 スタンプの種類をタップ

2 送るスタンプをタップ

3 拡大表示をタップ

はじめて使うときはダウンロードします

3 送信される

スタンプが送信されます

スタンプを購入する

スタンプは無料で使えるものがいくつかダウンロードできますが、ホーム画面の「スタンプ」から「スタンプショップ」を起動して買うことができます。購入にはコインが必要で、AppStoreやGoogle Playで決済します。また、企業のキャンペーンなどで友だち登録するともらえるといったスタンプもあります。

▲スタンプショップには多くのスタンプが販売されているので、好みに合うスタンプを探してみよう

セクション

56 LINEを使って無料で通話するには

LINEで無料の音声通話とビデオ通話

LINEを使うと、登録している友だちと音声やビデオの通話ができます。インターネット通信を使うため、携帯電話会社の「通話料」はかかりません。

無料の音声通話をする

1 通話する相手を選ぶ

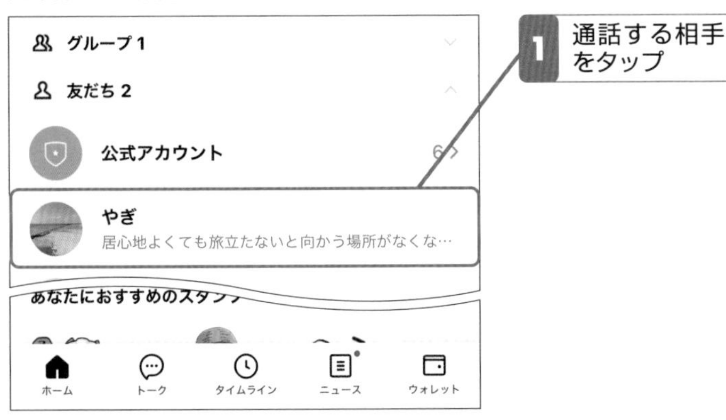

1 通話する相手をタップ

2 [音声通話] をタップして通話を開始する

1 **音声通話**をタップ

2 メッセージが表示されたら**開始**をタップ

3 相手と通話する

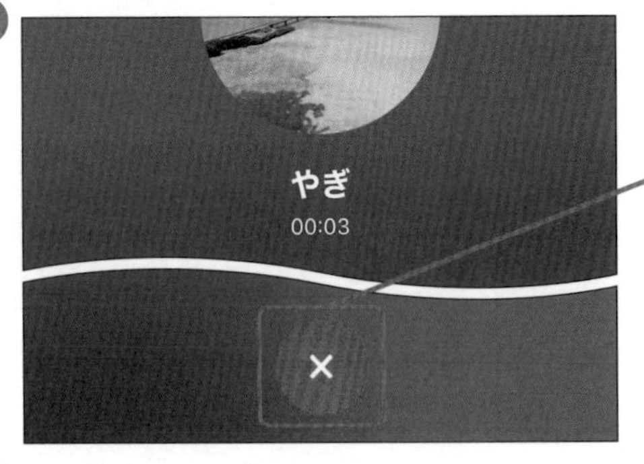

1 相手が出たら通話する

2 通話が終了したらタップ

ワンポイント なぜ無料で通話できるの？

LINEの無料通話は携帯電話会社の回線を使わずに、インターネットのデータ通信の仕組みを利用して通話します。そのためデータ通信料はかかりますが、携帯電話会社の通話料はかからないのです。

ワンポイント 通話記録も残る

お互いに登録している友だち同士で無料通話できます。トークの画面には、通話した時間が記録されます。

ワンポイント グループで音声通話する

LINEの通話はグループでもできます。グループのトーク画面から［音声通話］をタップすれば、グループに追加されている友だち全員と同時に会話することができます。グループ通話をするときは、一斉に話すと音声が途切れたり混信して内容を聞き取りずらくなるので、タイミングを伺いながら会話がスムーズに進むように話しましょう。

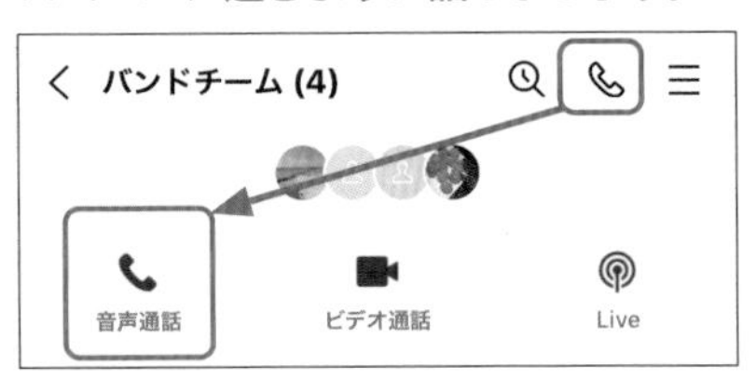

無料のビデオ通話をする

1 [ビデオ通話] をタップする

1 音声通話と同様に通話する相手をタップ

プロフィール画面が表示されます

2 **ビデオ通話**をタップ

2 通話を開始する

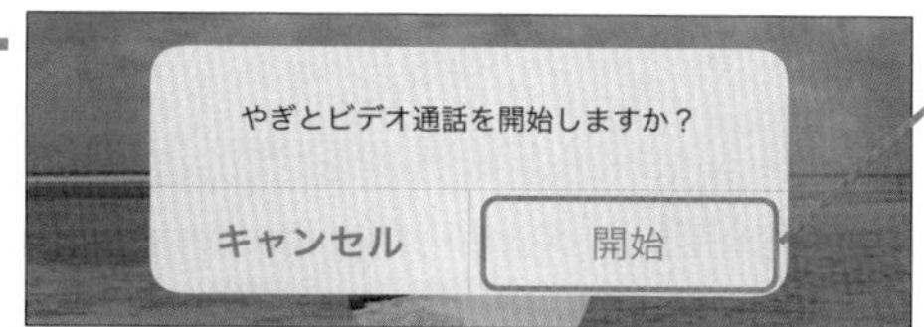

1 **開始**をタップ

3 相手と通話する

自分の顔

相手の顔

1 相手が出たら通話する

2 通話が終了したらタップ

グループでビデオ通話を楽しむ

LINEのグループ通話はビデオ通話もできます。グループのトーク画面から [ビデオ通話] をタップして開始します。グループ通話では全員の顔が小さな画面で並んで表示されます。人数の上限は500人で、画面シェアをしたりYouTubeを同じ画面内で再生しながらビデオ通話するなど、多くの楽しめる機能が搭載されています。

ビデオ通話に切り替える

音声通話中の画面で [ビデオ通話を開始] をタップすると、回線を切らずにそのままビデオ通話にできます。

映像を加工する

通話中の画面で [エフェクト] をタップすると、顔に加工を加えたり、肌をきれいに明るくしたりできます。背景をつけたり、ユニークな加工をしてビデオ通話を楽しめます。

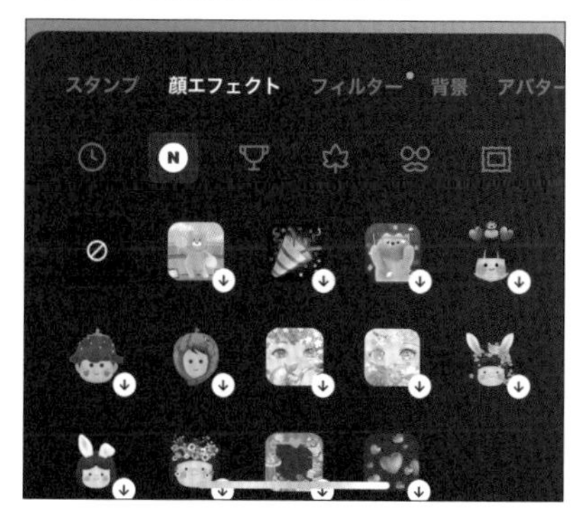

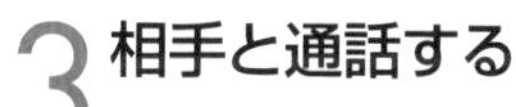

セクション 57

Twitter（ツイッター）を使うには

ツイートの表示と投稿

Twitter（ツイッター）は、最大で140文字の短い「つぶやき」で情報共有するコミュニケーションサービスです。有名人、文化人のつぶやきも読めます。

Twitterの楽しみ方

「ツイート」と呼ばれるつぶやきを読むには、他の人を「フォロー」します。フォローしてくれる人を「フォロワー」と言います。つぶやきは、「リツイート」と呼ばれる機能で、さらに広がっていきます。

フォローしたり、フォローされたりして、情報が広がっていきます。

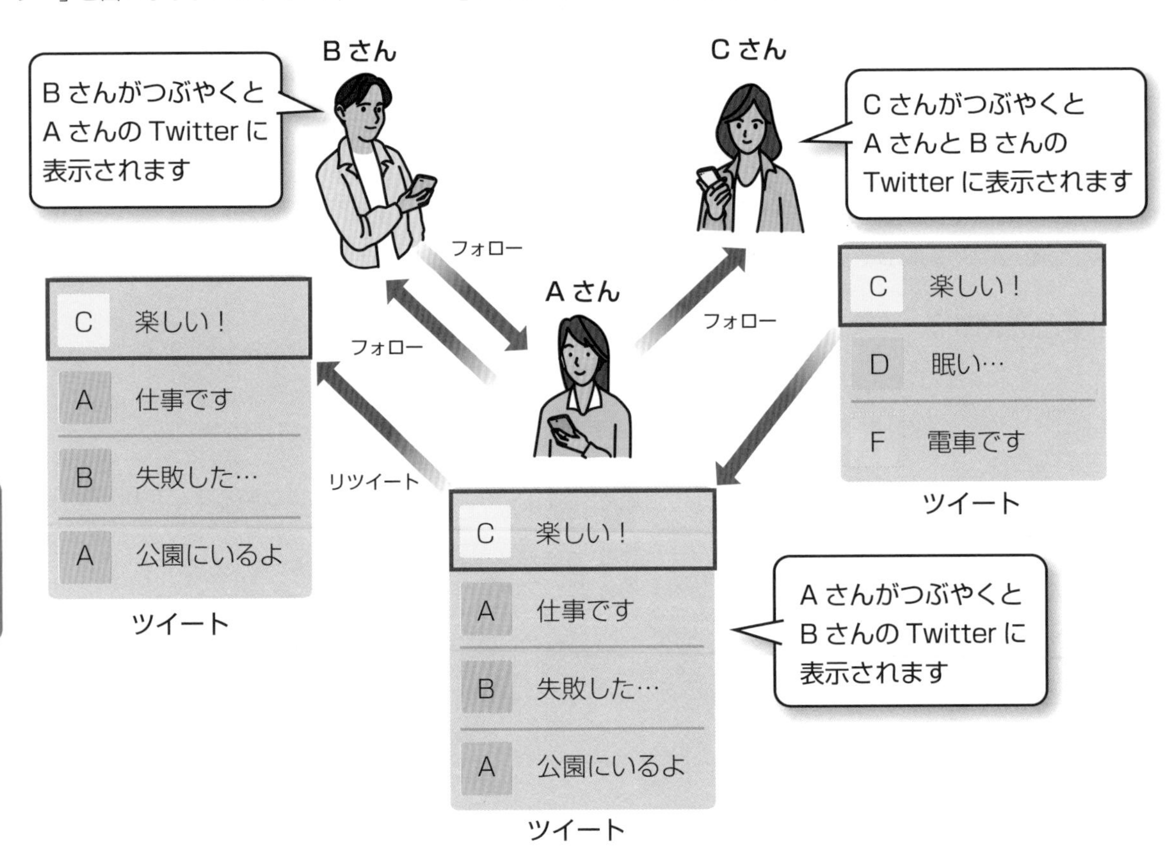

ツイートする内容に注意

ツイートされた内容は、リツイートされたり、コピーされたりして、ネットの世界に広がっていきます。友だちにつぶやくつもりでツイートした個人的な内容が、多くの人に広がってしまい、トラブルになることも。個人情報や知らない人に伝えたくない情報は、投稿しないことが原則です。

つぶやきを投稿する

1 Twitterアプリを起動する

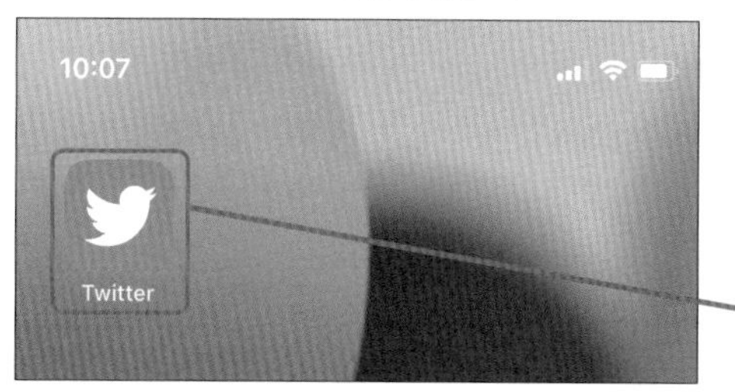

Twitterのアプリをインストールし、アカウントを登録しておきます

1 ホーム画面で**Twitter**をタップ

2 ホーム画面が表示される

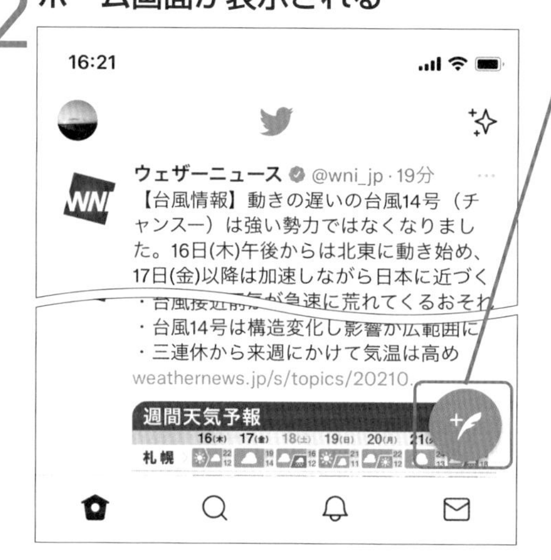

1 羽ペンのアイコンをタップ

3 メッセージを投稿する

1 メッセージを入力

2 **ツイートする**をタップ

ワンポイント フォローしたい人を探す

「この人のツイートを読みたい」というときは、検索して探しましょう。「ホーム」で名前を入れて検索します。iPhoneで連絡先に載っている人なら、「メッセージ」画面の「知り合いを見つけましょう」から探せます。

▲ホームから検索し、相手のページで［フォローする］をタップする

ワンポイント 自分のアカウントを確認する

画面左上の自分のアカウントをタップし、さらに名前の部分をタップするとアカウント画面が表示されます。自分のツイートのほか、プロフィールの変更、フォローしている人やフォローされている人の確認ができます。

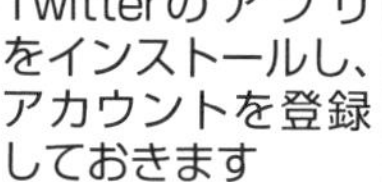
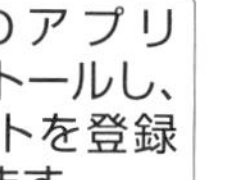
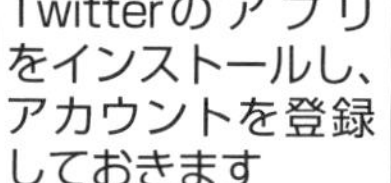

セクション 58

Instagram（インスタグラム）を使うには

写真や動画の表示と投稿

Instagram（インスタグラム）は、写真や動画を主とした投稿を共有するサービスです。素敵な写真を見たり、お気に入りの写真を投稿できます。

Instagramの投稿を見る

1 Instagramアプリを起動する

Instagramのアプリをインストールし、アカウントを登録しておきます

1 ホーム画面で**Instagram**をタップ

2 ホーム画面から投稿を見る

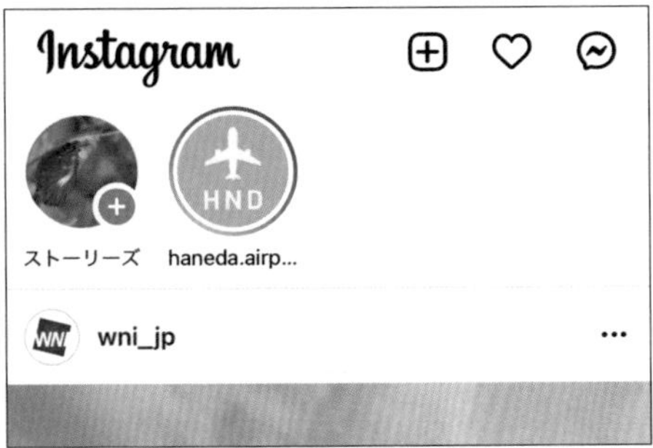

ホーム画面が表示されます

1 スクロールして投稿を見る

3 お気に入りのユーザーをフォローする

1 投稿者のアイコンをタップ

2 **フォローする**をタップ

投稿者のホーム画面が表示されます

ワンポイント ストーリーズって何？

ホーム画面の上部に表示されている「ストーリーズ」とは、通常の投稿とは別に24時間で自動的に消える投稿です。ずっと残すほどではないけれど、フォローしてくれている人たちに伝えたいときに便利で、Instagramの人気の機能です。

ワンポイント フォローしてつながりを広げる

もっと投稿を見たいと思ったユーザーを見つけたらフォローしましょう。フォローすると投稿が自分のフィード（ホーム画面）に表示されるようになります。また、フォローしたことは相手に伝わるのでお互いにフォローし合ってつながりが広がることもあります。

▲フォローされているユーザーをフォローし返すことを「フォローバック」という

第5章

Instagramに投稿する

1 [+] をタップする

1 画面上部の**＋**をタップ

2 写真を選ぶ

その場で撮影して投稿するときは、カメラのアイコンをタップして撮影します

1 写真を選んでタップ

2 **次へ**をタップ

3 説明を書き、投稿する

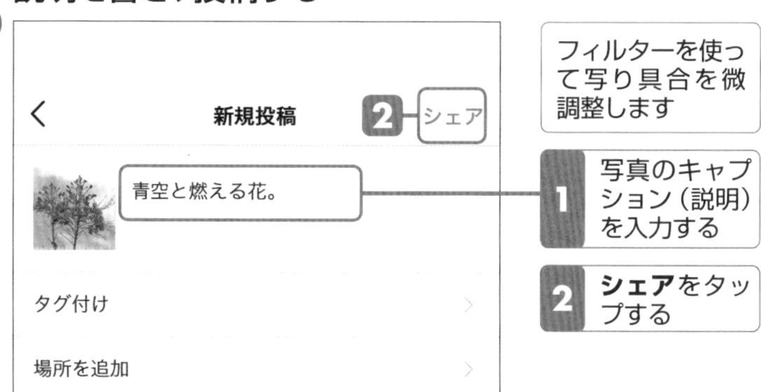

フィルターを使って写り具合を微調整します

1 写真のキャプション（説明）を入力する

2 **シェア**をタップする

写真に効果を付ける

写真を選んで［次へ］をタップすると、写真の下に効果を付けるフィルターが表示されます。使いたいフィルターを選んで、写真に効果を付けられます。

セクション 59

乗換案内を使うには

経路の検索方法

乗換案内アプリで、路線や時間を調べられます。ここではYahoo！ JAPAN（ヤフー・ジャパン）が提供するアプリ「Yahoo! 乗換案内」を例に紹介します。

目的駅までの行き方と時刻を調べる

1 Yahoo! 乗換案内アプリを起動する

Yahoo!乗換案内のアプリをインストールしておきます

1 ホーム画面で**Yahoo! 乗換案内**をタップ

Yahoo! JAPANアプリから「路線」を起動する

Yahoo! JAPANアプリからも「Yahoo! 乗換案内」を起動できます。トップ画面でアプリタブの一覧から［路線情報］をタップします。

マップアプリやGoogleマップを乗換案内に使う

iPhoneに入っているマップアプリやAndroidのスマホに入っているGoogleマップを乗換案内に使うことができます。

経路の検索で出発と目的地、出発時間または到着時間を指定して検索すると、乗換のルートが表示されます。

第5章

2 [到着] をタップする

今回は現在地の最寄り駅を出発地として検索します

1 **到着**をタップ

現在地を出発地とする

出発地は、位置情報をオンにすれば、現在地の最寄り駅になります。位置情報をオフにしている場合や、現在地から離れた場所の駅を出発地にしたい場合は入力欄をタップして駅名を入力します。

3 到着駅を入力する

1 到着駅を入力

候補から駅を選ぶこともできます

2 **現在時刻**をタップ

施設名や住所を指定する

出発地や到着地は、施設名や住所からを指定することもできます。目的地の最寄り駅がわからなくても、行き方を検索できます。

4 時刻を設定する

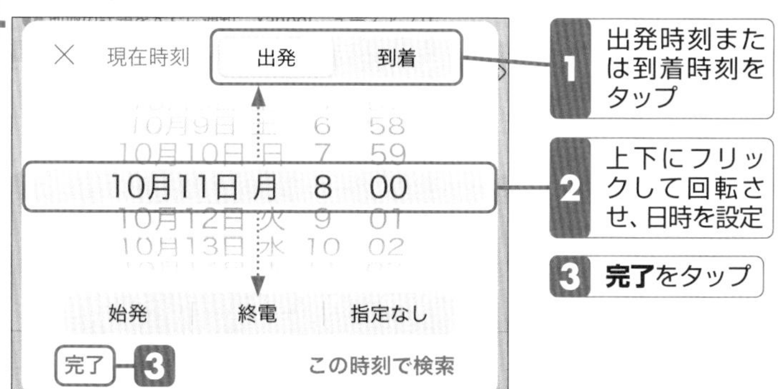

1 出発時刻または到着時刻をタップ

2 上下にフリックして回転させ、日時を設定

3 **完了**をタップ

今の時刻で調べる

すぐに出発する場合や、行き方だけを確認する場合は、時間を指定せずに到着地を指定した後、[検索] をタップします。

5 [検索] をタップする

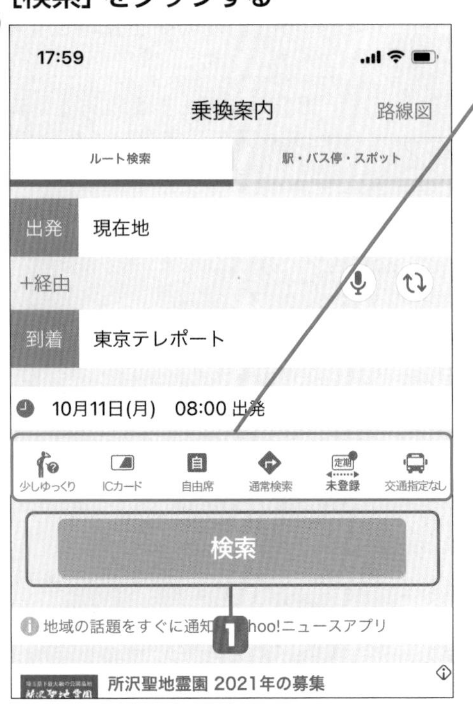

自分が歩く速度や利用する乗り物の種類などを設定できます

1 **検索**をタップ

乗換時間の設定

初めて行く乗換駅では、ホームの場所などに迷うこともあります。手順5の画面で[標準]をタップし、乗換時間を「ゆっくり」に設定しておくと、乗換時間に余裕を持った経路検索ができます。

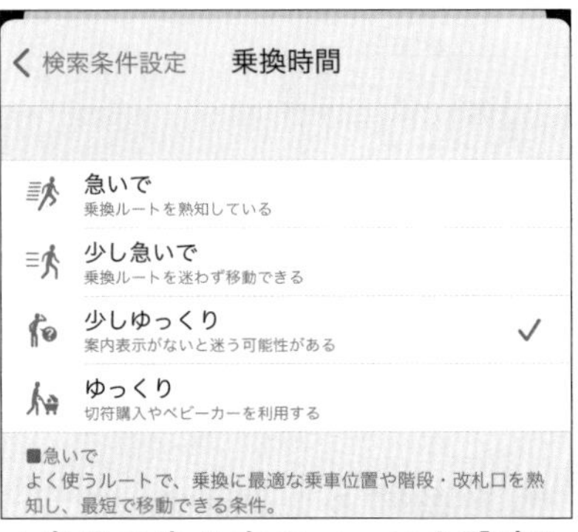

▲自分の歩き方のペースを設定しておくと、乗り換え時間の精度が高まる

6 検索結果が表示される

1 検索結果のうちの1つをタップ

前後に1本ずらして再検索できます

検索結果を切り替える

検索結果は、到着までの時間が早い順に表示されています。タブを切り替えれば、「乗り換え回数の少ない順」や「料金の安い順」に変更できます。

第5章

7 詳細情報が表示される

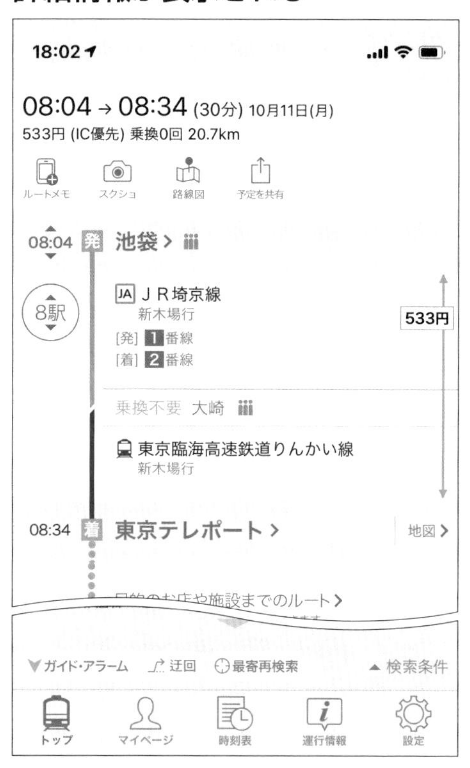

検索結果の詳細が表示されます

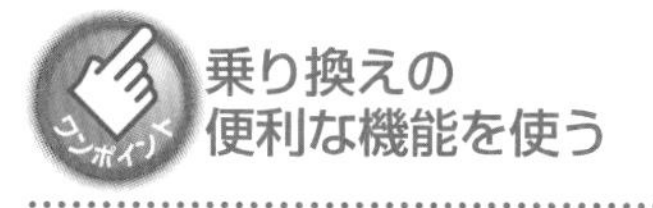

乗り換えの便利な機能を使う

他にも、便利な機能がいろいろあります。アイコンをタップして設定します。

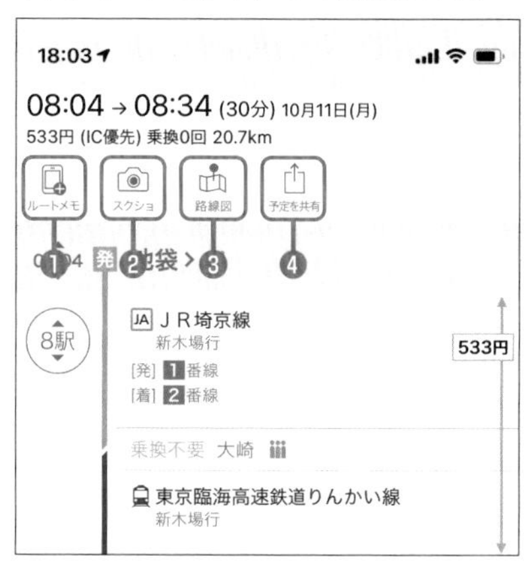

❶検索結果をMyページに保存（Yahoo! JAPANの登録とログインが必要）
❷スクショとして画面をコピーして保存する
❸経路を地図で表示
❹最寄り駅を再設定

駅の周辺情報を調べる

初めて行く場所では、到着駅の周辺の様子がわかると心強いものです。「Yahoo! 乗換案内」では検索結果の画面から、駅についての情報や周辺の施設、地図等が確認できます。エレベーターはあるか、時間を調整するためのカフェはどこにあるか、目的地までの行き方などの周辺情報を確認できます。

駅名をタップします

駅や駅周辺のさまざまな情報が表示されます

セクション 60

カレンダーや時計で予定を管理するには

カレンダーや時計を使ったスケジュール管理

カレンダーアプリでスケジュール帳のように予定を登録したり、時計アプリでアラームを設定したりすれば、毎日のスケジュール管理に役立ちます。

カレンダーを開く

1 カレンダーアプリを起動する

1 ホーム画面で**カレンダー**をタップ

2 月ごとのカレンダーが表示される

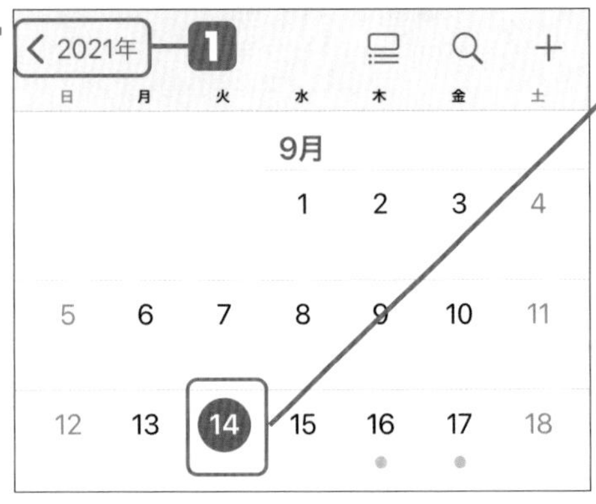

今日の日付は赤丸で表示されます

画面を上下にフリックして他の月を確認できます

1 年号をタップ

3 年間カレンダーが表示される

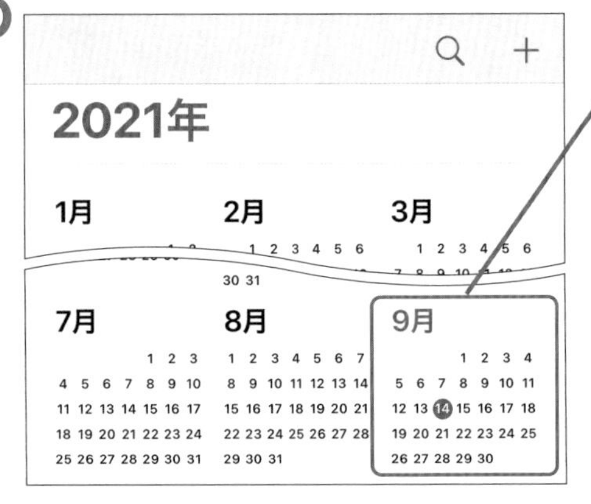

1 任意の月をタップして月間のカレンダーを表示

画面を上下にフリックして他の年を確認できます

ワンポイント 今日の予定を確認する

カレンダーに予定を登録しておき、画面を「今日」に切り替えると、一日の予定が一目でわかります。

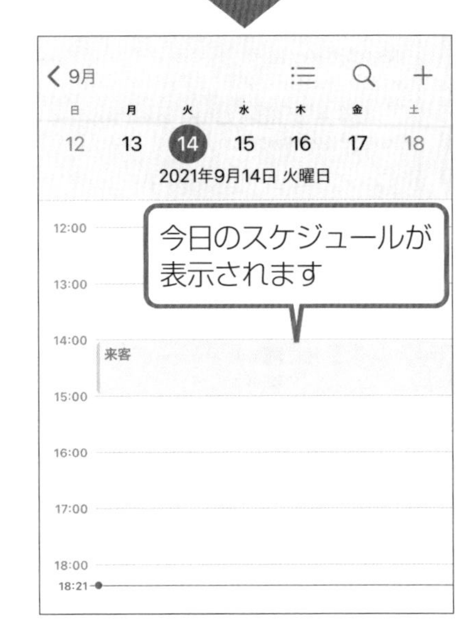

カレンダーに予定を登録する

1 日付を表示して［+］をタップする

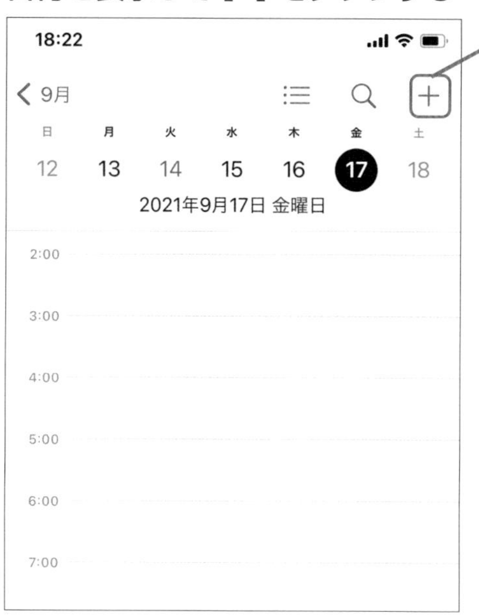

1 +をタップ

月間カレンダーのときは日付をタップして1日の表示にします

2 予定の登録画面に予定を追加する

1 それぞれの項目をタップして必要事項を入力

日付や時間は上下にフリックして指定します

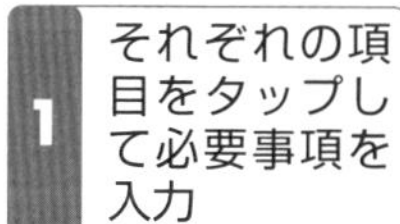

登録した予定を削除する

予定を登録した日は、カレンダーの日付をタップすると確認できます。予定を削除するときは、登録内容をタップし、次の画面で表示される［イベントを削除］をタップします。

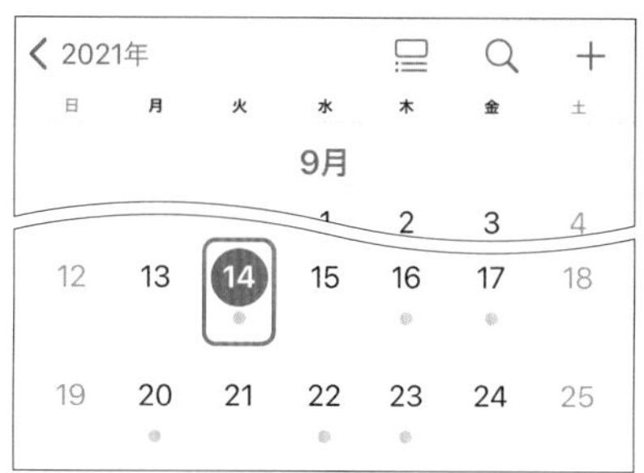

▲カレンダーで予定を登録した日付をタップする

▲表示された予定をタップする

▲［イベントを削除］をタップする

Androidのスマホでカレンダーに予定を登録する

1 カレンダーに予定を追加する

カレンダーアプリを起動します

1 (+)をタップ

2 予定を追加する

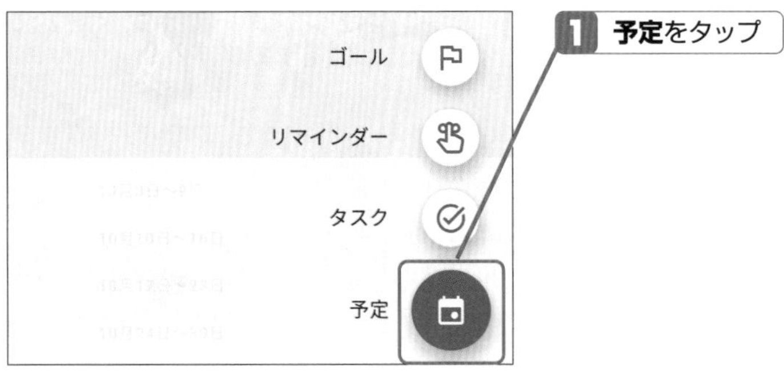

1 **予定**をタップ

3 予定を入力、保存する

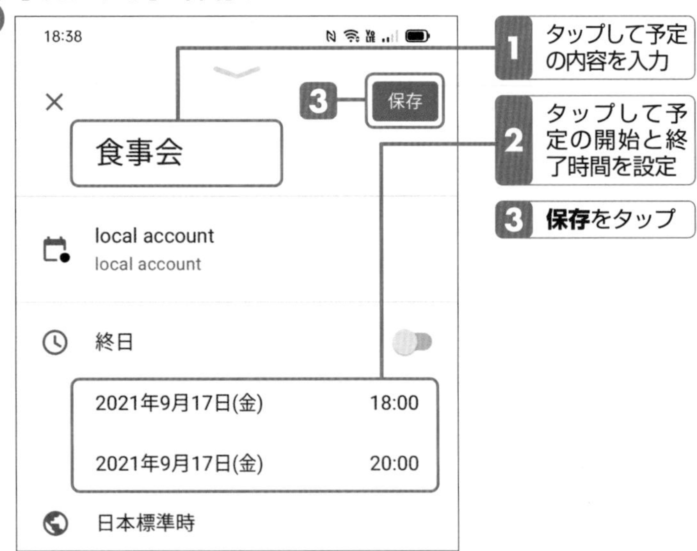

1 タップして予定の内容を入力

2 タップして予定の開始と終了時間を設定

3 **保存**をタップ

Google(グーグル)カレンダーを使う

Androidのスマホには、携帯電話会社のカレンダーやスケジュールアプリが入っていることがあります。このカレンダーを使わずに、Googleカレンダーを使うと便利です。

Googleカレンダーは、スマホで使うスケジュール管理アプリとして、多くの人が使っているアプリです。他のアプリとの連携機能やカレンダーの共有など、便利な機能があります。パソコンからGoogleアカウントを使ってログインし、カレンダーを見て予定を確認したり、入力することもできます。

スマホに入っていない場合は「Play(プレイ)ストア」で「グーグルカレンダー」を検索して、アプリをインストールします。機種によっては、最初からインストールされている場合もあります。

Googleカレンダーには次のような機能もあります。慣れてきたら活用してみましょう。

- **複数のカレンダーを用途別に管理できる**
- **予定の前に通知を出す「リマインダー」がある**
- **カレンダーを他の人と共有できる**

Googleカレンダーの開き方

ホーム画面またはアプリの一覧画面でカレンダーアプリのアイコンをタップします。

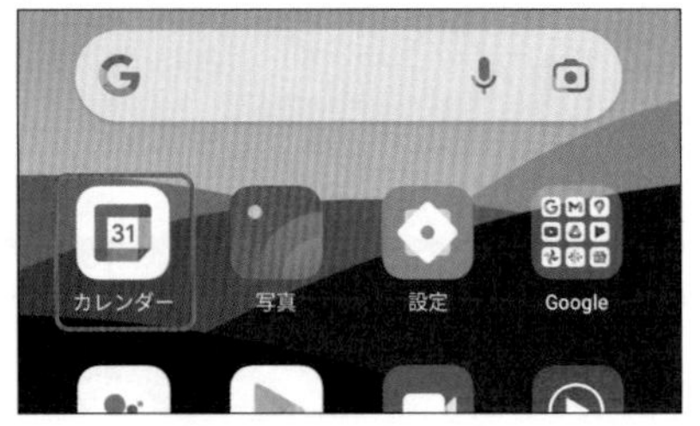

時計アプリでアラームを設定する

1 時計アプリを起動する

1 **時計**アプリをタップ

Androidのスマホでアラームを使う

Androidのスマホの場合でも「時計」アプリが使えます。同じように時計アプリでアラーム画面を表示して、アラームを設定します。Androidのスマホの場合、「時計」アプリは機種やメーカーによって異なることがありますが、使い方は基本的に同じです。

2 アラームを起動する

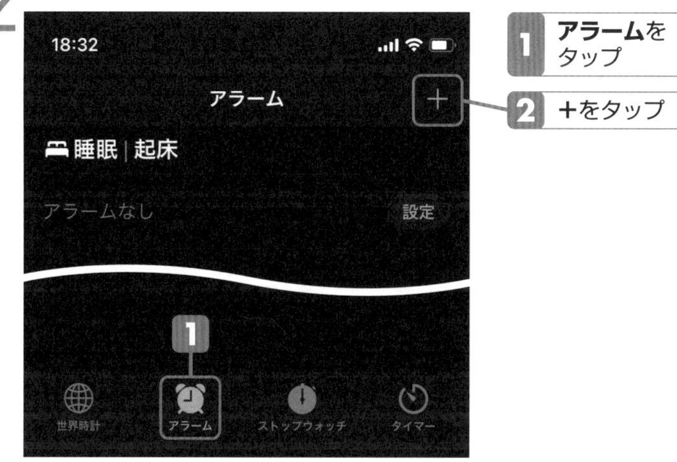

1 **アラーム**をタップ

2 ＋をタップ

3 アラームを設定する

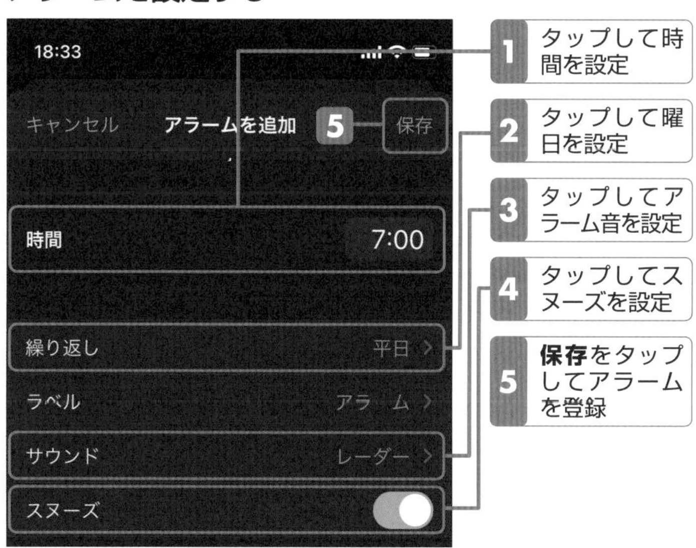

1 タップして時間を設定

2 タップして曜日を設定

3 タップしてアラーム音を設定

4 タップしてスヌーズを設定

5 **保存**をタップしてアラームを登録

セクション

61 QRコードを読み取るには

QRコードの利用方法

各種の情報に手軽にアクセスできる「QRコード」は、写真を撮影するときと同じように、カメラアプリを使って読み取ることができます。

QRコードとは

QRコードとは、URL（ホームページのアドレス）やメールアドレス、住所や電話番号といったさまざまな情報を、正方形の中に配置した黒と白の図形で表したものです。URLなど英数字の長い羅列を正確に入力するのは、ちょっと面倒です。QRコードアプリで読み取れば、一瞬にしてスマホに取り込むことができます。

● スマホのカメラでQRコードを撮影して使う

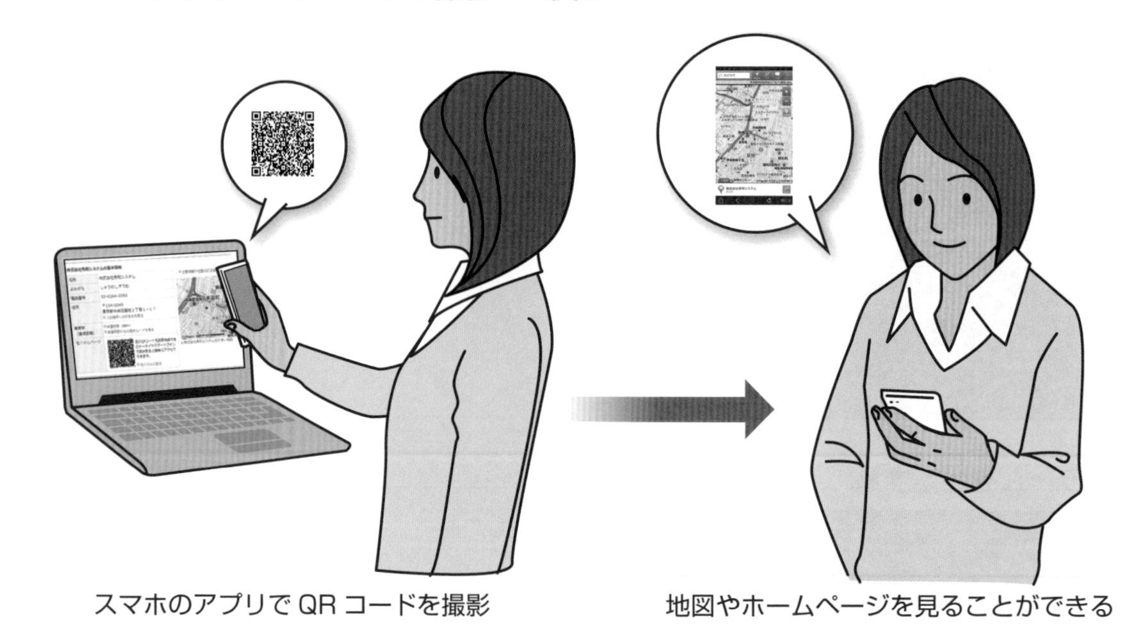

スマホのアプリでQRコードを撮影

地図やホームページを見ることができる

「二次元バーコード」とも呼ばれる

QRコードは「二次元バーコード」と呼ばれることもあります。どちらも同じものです。一方で一般的に「バーコード」と言うと、商品などに利用されている縦線が並んだものを示します。

QRコードを読み取る

1 カメラアプリを起動する

1 カメラアプリをタップ

QRコードの情報

QRコードは、多くの場合はインターネットのアドレス情報（URL）に利用されていますが、他にも名刺アプリに直接登録できる個人情報のような、さまざまな情報を登録できます。セクション55にあるLINEの友だち登録でもQRコードが使われています。

2 読み取りたいQRコードにカメラのレンズを向ける

1 QRコードにカメラのレンズを向けて位置を合わせる

カメラが自動的にQRコードを判別して読み取ります

3 通知を確認してタップする

4 QRコードのリンク先が表示される

AndroidのスマホでQRコードを読み取る

Androidのスマホの一部で、カメラアプリがQRコードに対応していない場合、QRコードを読み取るアプリをインストールして使います。

▲Playストアで「QRコード」を検索すると多くのアプリが表示される。無料で使えるアプリでも問題なく使える

QRコードの作成

パソコンソフトを使ったり、インターネット上のサービスを利用したりすると、自分の情報を入れたQRコードを作成することができます。自分のメールアドレスやブログのURL等のQRコードを作り、名刺等に入れて手渡せば、相手は正確にスピーディにその情報を利用することができます。

QRコードが小さいときには

QRコードが小さく読み取りできないときには、写真の撮影と同じようにカメラアプリの画面をピンチアウトして拡大すると読み取れるようになります。また、スマホをあまり近づけずに、ピントが合うように適度な距離で読み取ることもコツです。

セクション

62 電子書籍を読むには

電子書籍の購入と閲覧

電子書籍サービスを使えば、読みたい本を選んでスマホで読書できます。ここではアップル社が提供している「ブック」アプリで無料の電子書籍を読みます。

電子書籍を入手する

1 iBooksを起動する

1 ホーム画面で**ブック**をタップ

2 読みたい本を入手する

1 読みたい本をタップ

プロモーションや著作権が切れているなど無料で読める本もあります

以降は画面に従って、購入または無料本を入手します

ワンポイント

携帯電話会社のお得な電子書籍サービスを利用する

携帯電話会社が提要している電子書籍サービスでは、雑誌も含めて定額で電子書籍が読めるお得なサービスがあります。自分が読みたい雑誌や書籍が提供されていたら利用してもよいでしょう。月額料金などサービスの内容をよく読み、申し込みをして利用します。

▲ドコモの電子書籍サービス「dマガジン」

電子書籍を読む

1 入手した電子書籍を選択する

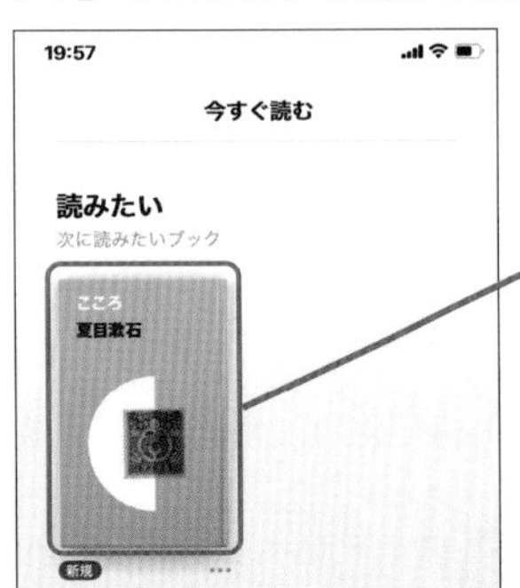

入手した電子書籍は、スマホにダウンロードするか、クラウドにアクセスして表示します

1 読みたい電子書籍をタップ

2 中身を表示して読む

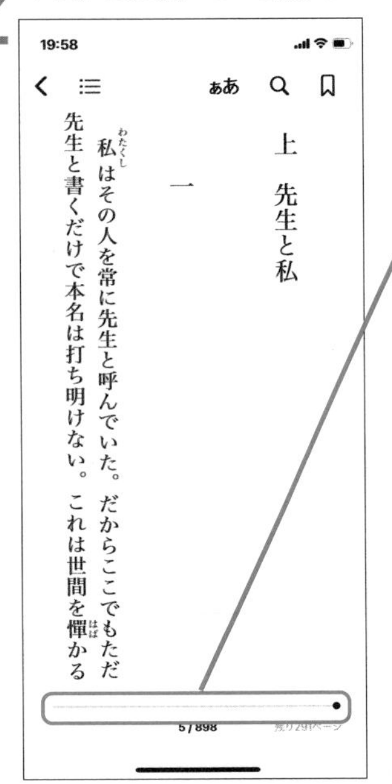

ページの端をタップすると次のページを表示できます

1 電子書籍を読む

スライドバーをドラッグして、ページを移動することもできます

ワンポイント 文字を大きくしたり、背景を変えたりして読む

電子書籍が便利なところは、文字の大きさを変えることができる形式の本が多いことです。右上の「A」または「あ」のマークの設定をタップして設定メニューを表示し、画面の明るさ、フォントの大きさ、フォントの種類、背景の色などを好みに変え、読みやすい表示に設定できます。

▲文字を大きくしてフォントをヒラギノ丸ゴシックに、背景をベージュに変更

Amazon Kindle（アマゾン・キンドル）を読む

アマゾンでは、「Amazon　Kindle（アマゾン・キンドル）」という電子書籍サービスを提供しています。この形式で購入した電子書籍は、スマホでもタブレットでもパソコンでも読めます。また、Amazon Unlimited（アマゾン・アンリミテッド）と呼ばれる月額定額で読み放題のサービスもあります。

電子書籍のサービスを比べてみて、読みたい書籍や雑誌が提供されているサービスを選んでお得に利用しましょう。

Amazon Kindleの画面。雑誌も書籍も豊富に提供されていることが魅力です

第5章

第6章 「うまくいかない!」「こんなときはどうするの?」と困ったら

スマホに慣れてきて、あれこれ使い始めると、「あれ？どうするのかな？」、「こんなことはできないのかな」と迷うことがあります。そこでこの章では、スマホを使っていてよく出あう疑問や、知っておくと便利な使い方をまとめています。スマホを活用するヒントにしてください。

セクション

セクション

63 Wi-Fi（ワイファイ）を使うには

Wi-Fi接続

Wi-Fi（ワイファイ）を使えば、スマホでのインターネット利用がぐんとスピーディになります。Wi-Fiに切り替えて、時間も通信料も節約しましょう。

Wi-Fiをオンにする

1 設定画面で［Wi-Fi］をタップする

1 設定画面を表示

2 **Wi-Fi**をタップ

Androidのスマホで Wi-Fiを利用する

Androidのスマホでは、「設定」の「ワイヤレスネットワーク」で［Wi-Fi］をタップします。

2 Wi-Fiをオンにする

1 **Wi-Fi**のボタンをタップしてオンにする

Wi-Fiがオンになると、ボタンが緑色になります

Wi-Fiを利用して快適に通信する

スマホは、携帯電話会社の回線を使ったモバイルデータ通信に加えて、Wi-Fiを使った接続ができます。Wi-Fiを使える場所にいるときは、Wi-Fiを使った方が、安定した快適な通信ができます。モバイルデータ通信のデータ量を減らすことができ、通話料の節約にもなります。

Wi-Fiが使える場所かどうかをチェック

公共の場所やお店など、通信会社の「Wi-Fi」のステッカーが貼っているところなら、「Wi-Fi」が使えます。Wi-Fiをオンにすれば、使えるWi-Fiの電波を自動的に探します。Wi-Fiの電波が来ていない場所では、つながらないことを伝えるメッセージが表示されます。

自宅でWi-Fiにつなぐ

1 設定画面で接続するWi-Fiを選択する

自宅の無線LANでWi-Fiを利用する

家庭で無線LANを利用契約していれば、Wi-Fiが使えます。Wi-Fiに接続したいときは、ルーターに設定されているパスワードを設定します。正しいパスワードを入力すると、通信ができるようになります。

また、次回以降はWi-Fiの範囲に入ると自動的に接続するようになります。

2 パスワードを入力して接続する

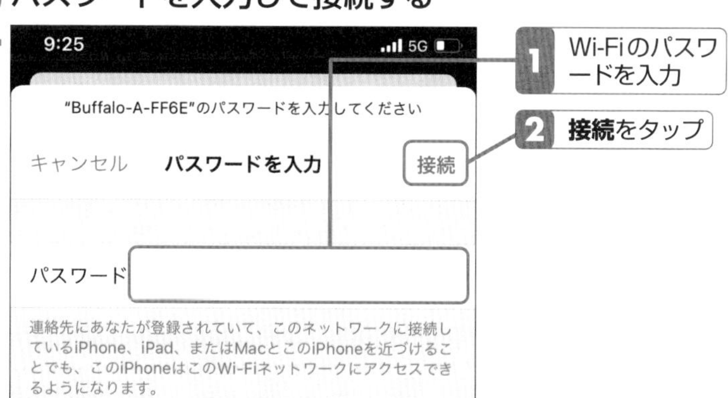

SSIDとパスワードを確認する

Wi-Fiの一覧で表示される名称を「SSID（エスエスアイディー）」と呼びます。企業や家庭が使っているWi-Fiは第三者に勝手に使われないように、パスワードを使って接続するようになっています。家庭用のWi-Fi機器などには、「SSID」と「パスワード」を記入したステッカーなどが機器に貼られています。確認して入力しましょう。

パスワードのない無線LAN

空港や駅、ホテルのロビーなど、多くの人が利用する場所では、誰でも広く使えるように、パスワードを入力しなくても使えるように設定されている無料のWi-Fiがあります。便利なWi-Fiサービスですが、誰でも接続できてしまうため、悪意を持つユーザーが情報を盗み取る可能性もあります。重要な情報のやりとりにはパスワードで保護されたWi-Fiを使いましょう。

セクション

64 バッテリーを長持ちさせるには

充電切れ

スマホの悩みのひとつが「バッテリー切れ」です。ちょっとした工夫で、バッテリーを長持ちさせることができます。

第6章

ディスプレイの電力消費を節約する

1 設定画面で［画面表示と明るさ］をタップする

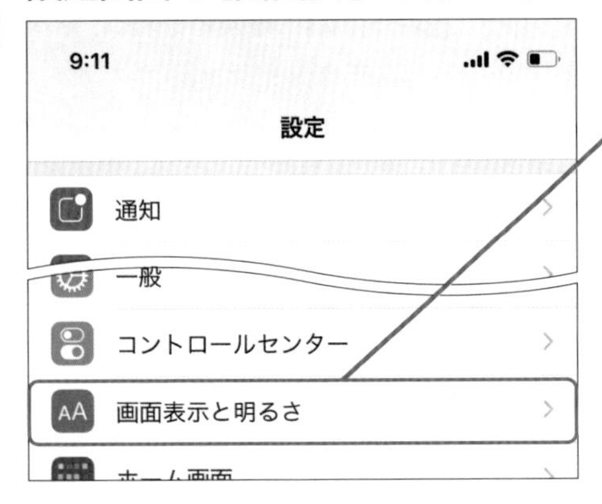

1 設定画面を表示

2 **画面表示と明るさ**をタップ

2 明るさを調整する

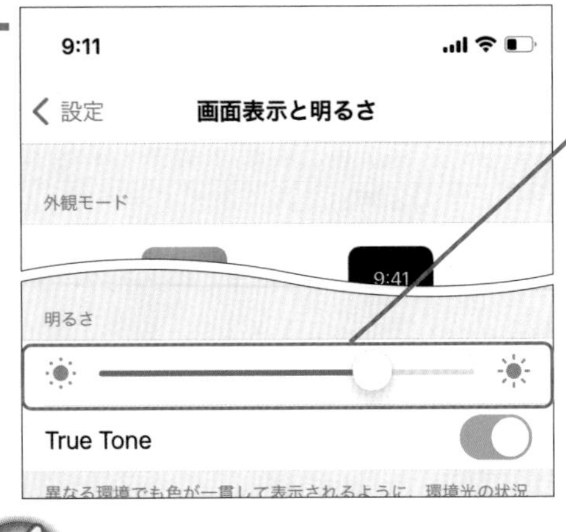

1 スライドして明るさを調整

ワンポイント ディスプレイはたくさん電力を使っている

頻繁に通信を繰り返せば、朝にフル充電していても午後には残りわずかになってしまうこともあります。

バッテリー消費の大きな原因は2つあり、1つはアプリの通信、もう1つがディスプレイです。まずはディスプレイの電力消費を節約してバッテリーを長持ちさせましょう。

ワンポイント 低電力モード

iPhoneには簡単に電力消費を節約できる「低電力モード」もあります。バッテリーが完全に充電されていないときに、メールチェックなどいくつかの動作を制限します。

またAndroidのスマホでも同様の機能が搭載されている機種があります。

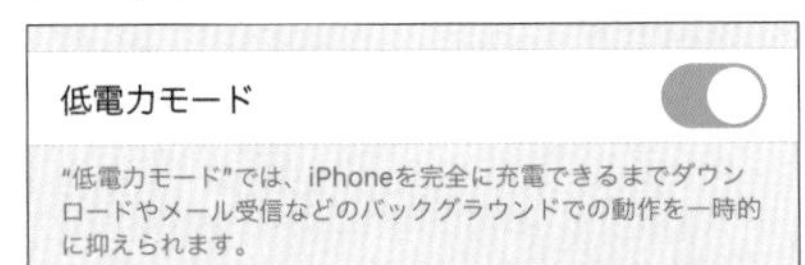

ワンポイント 「バッテリー節約アプリ」に注意！

「バッテリー節約アプリ」と呼ばれるアプリを使って、バッテリーを長持ちさせる方法もあります。自動的に不要な機能を停止したり、バッテリー残量に合わせて機能を制限したりできるので便利ですが、「バッテリー節約アプリ」は個人情報を盗み取るアプリが多いことでも知られています。これらの多くはインストール時に「連絡先にアクセスする権限」を必要とします。バッテリーの節約に連絡先情報は不要です。バッテリー節約アプリをインストールするときに、「連絡先にアクセスする権限」が表示された場合は使用しないようにしましょう。

メールアプリのチェックを手動にする

1 メールの設定画面を開く

1 **設定**アプリで**メール**をタップ

2 **アカウント**をタップ

3 **データの取得方法**をタップ

2 プッシュ通知をオフにする

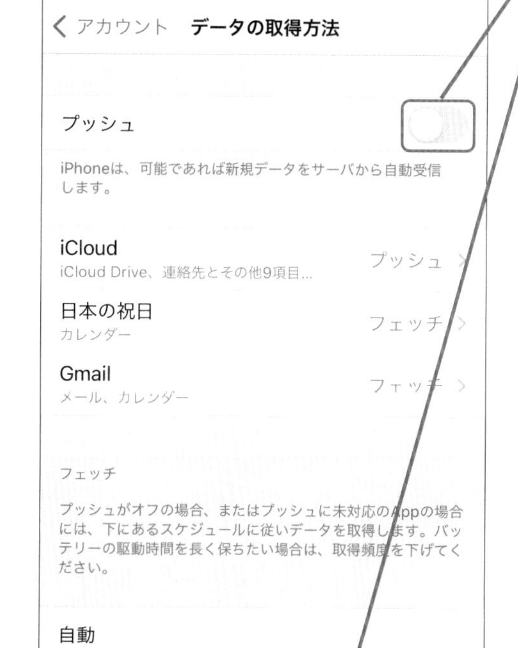

1 **プッシュ**をオフにする

2 **フェッチの手動**をタップ

メールアプリによって設定する箇所が違う

携帯電話会社では専用のメールアプリを使いますが、「プッシュ」の解除は携帯電話会社のメール設定画面から行います。また、Gmailを専用のアプリで使う場合、アプリの設定画面で「プッシュ」を解除します。

「プッシュ」と「フェッチ」

メールアプリは、メールが着信するとほぼ同時に受信します。これを「プッシュ通知」と言います。一方、一定時間ごとにメールの着信を確認する方法を「フェッチ」と呼びます。携帯電話会社やGmailなどは「プッシュ」に対応しているため、すぐにメールの着信を知ることができますが、アプリが常時、着信を監視しているため、バッテリーを多く消費します。手の放せない時間など、リアルタイムでメールの着信を知る必要がないようであれば、「フェッチ」に設定しておくとバッテリーの節約になります。

セクション

65 ホーム画面の並びを使いやすくするには

アイコンの整理

使うアプリが増えてくると、ホーム画面にアイコンが増えてきます。ホーム画面のアイコンをアプリの種類や使用頻度で整理して、使いやすくしましょう。

第6章

アイコンを移動して並べ替える

1 ホーム画面でアイコンをタッチする

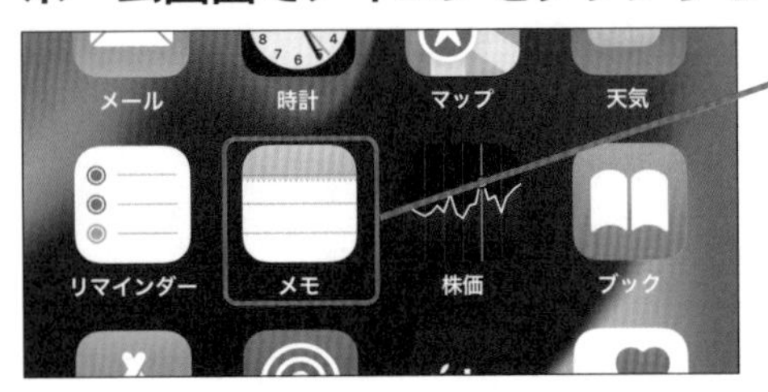

1 アイコンをタッチ（長押し）

2 ホーム画面を編集可能にする

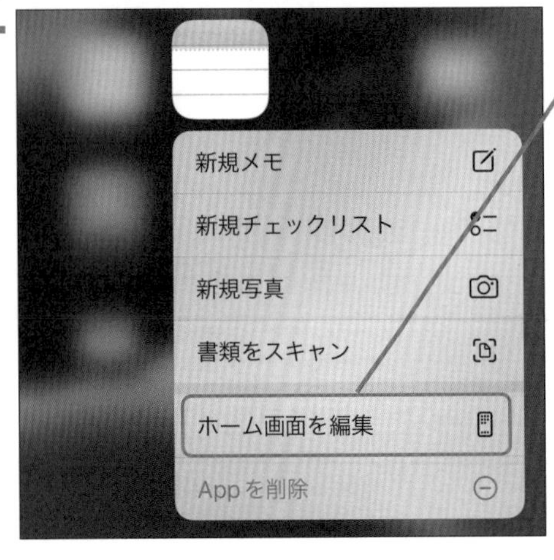

1 **ホーム画面**を編集をタップ

3 アイコンを移動する

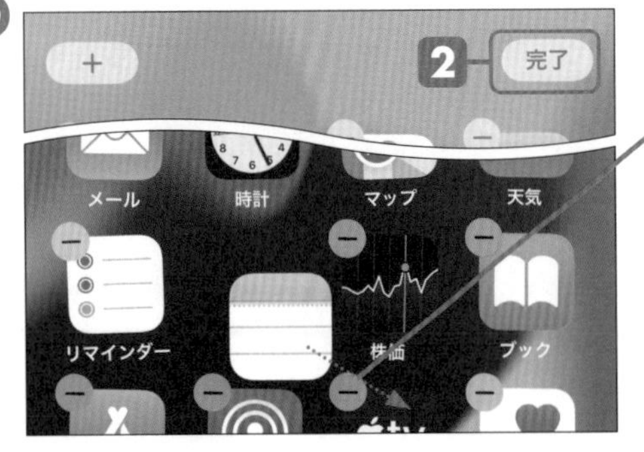

1 アイコンをドラッグして移動

2 **完了**をタップ

移動が確定されます

アイコンを移動できる状態

アイコンをタッチ（長押し）すると、アイコンが揺れて表示されます。この状態でアイコンの移動や削除（アプリの削除）ができます。

Androidのスマホでは、アイコンをタッチ（長押し）して移動ができる状態になったまま、アイコンを移動します。

アイコンを長押ししてからドラッグします

アイコンをフォルダにまとめる

1 アイコンをタッチして移動する

1 アイコンをタッチ（長押し）

2 **ホーム画面を編集**をタップ

3 ドラッグして他のアイコンの上に移動

2 フォルダ名を付ける

フォルダが作成されます

1 フォルダ名を変更

2 **完了**をタップ

フォルダ名が確定されます

「ドック」を活用する

ホーム画面にはアプリのアイコンが並んでいます。このうち、もっとも下に最大4つのアイコンが表示されている場所を「ドック」と呼びます。「ドック」のアイコンは、ホーム画面のページを移動しても常に表示されます。もっとも頻繁に使うアプリは「ドック」に登録しておくと、素早く起動できます。ドックにアイコンを移動する方法は通常のホーム画面のアイコンと同じです。

フォルダからアイコンを出す

フォルダを開いてアイコンをタッチ（長押し）すると、アイコンが揺れて表示され、別の場所にアイコンを移動できます。フォルダに含まれるアイコンがなくなった場合、自動的にフォルダが削除されます。

ホームボタンがあるiPhone

iPhoneSEなどホームボタンがあるiPhoneでは、アイコンを移動したあとホームボタンを押します。

セクション

66 スマホの回転に合わせて画面の縦横が変わらないようにするには

画面の回転

スマホは持つ角度によって画面の縦横が回転するようになっています。画面が回転してしまって使いにくいときは、回転を止めて、常に縦のまま使うこともできます。

iPhoneで画面の自動回転を止める

1 コントロールセンターを表示する

1 画面右上を下方向にスライド

2 [画面の向きを縦方向でロック] をタップする

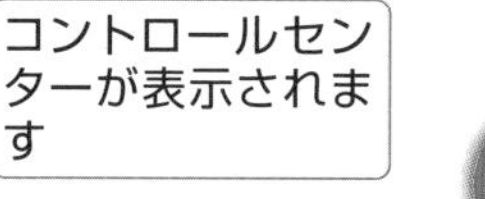

コントロールセンターが表示されます

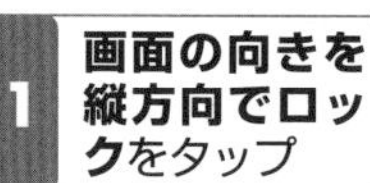

1 **画面の向きを縦方向でロック**をタップ

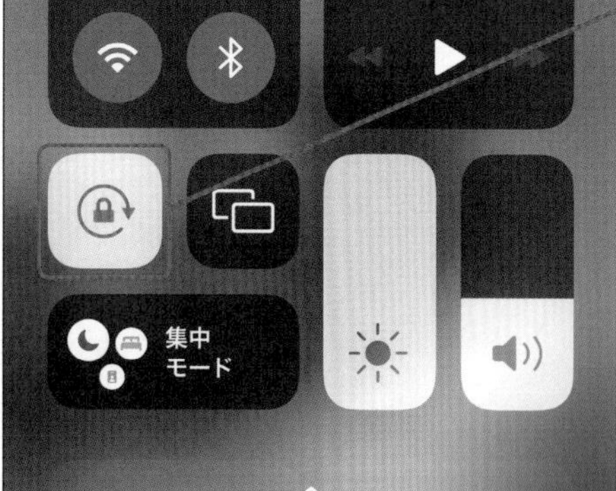

コントロールセンター

iPhoneでは、画面の右上を下方向にスライドすることで「コントロールセンター」が表示されます。「コントロールセンター」にはよく使う設定や操作が登録されています。

iPhoneで画面の縦方向ロックを解除する

画面の自動回転をロックすると、常に縦方向で表示されるようになります。ブラウザでWebサイトを横向きに表示したいときなどには、再度［画面の向きを縦方向でロック］をタップして、ロックを解除します。

ホームボタンがあるiPhoneでコントロールセンターを表示する

iPhoneSEなどホームボタンがあるiPhoneでは、画面の下から上方向にスライドしてコントロールセンターを表示します。

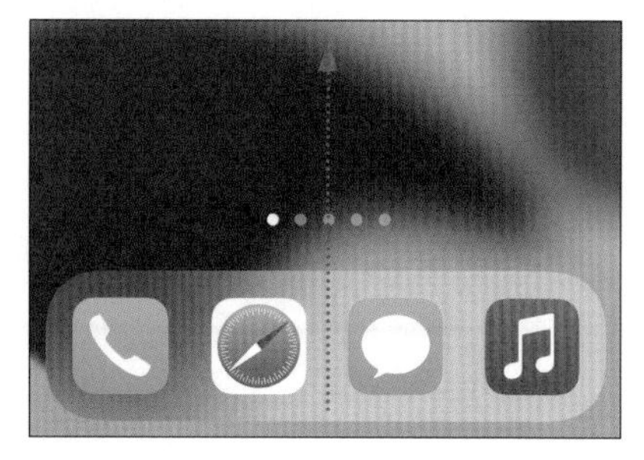

Androidのスマホで画面の自動回転を止める

1 ディスプレイ設定を開く

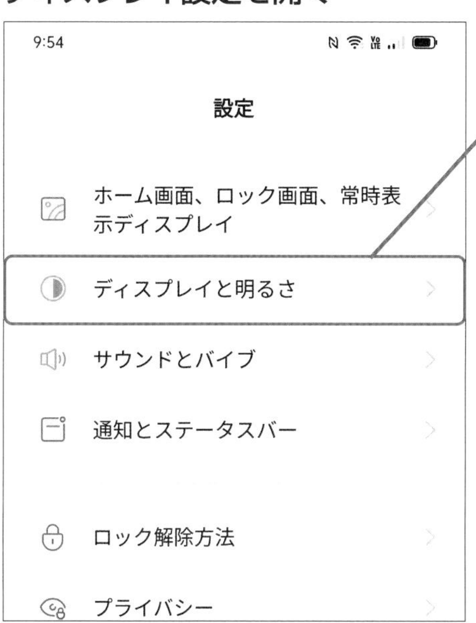

1 設定画面を表示

2 **ディスプレイと明るさ**をタップ

機種によって「ディスプレイ」など項目名が異なることがあります

2 [自動回転] をオフにする

1 自動回転をオフに切り替え

Androidの設定画面

Androidでは、設定のメニューや項目は基本的に同じ場所にありますが、設定画面は機種ごとに異なります。詳しくはそれぞれの機種の取扱説明書を確認してください。

横向きのまま固定される

Androidのスマホでは横向きに表示した状態で画面の自動回転をオフにすると、横向きのまま固定されます。また、機種によっては、ホーム画面や設定画面のアイコンで直接、画面の自動回転を止めることができる場合もあります。

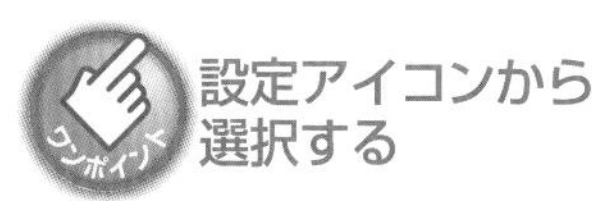

設定アイコンから選択する

Androidのスマホでは、機種によって画面に設定アイコンを表示できるものがあります。設定アイコンで自動回転のオン／オフを切り替えることもできます。

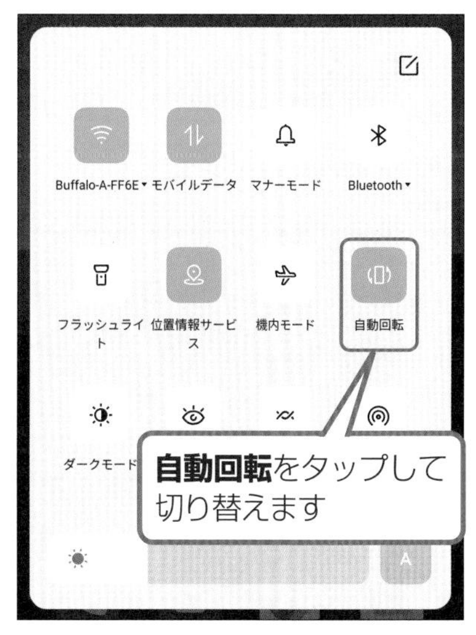

セクション
67

通知を消すには

通知を整理する

メールの着信やアプリの更新などに加え速報ニュースなど、スマホには頻繁に通知が届きます。不要な通知は消去して整理する習慣をつけておきましょう。

第6章

通知を消去する

1 通知センターを表示する

1 画面の左上から下方向にスライド

2 不要な通知をスライドする

1 通知を左にスライド

3 通知を消去する

1 **消去**をタップ

まとめて消去する

通知センターの（×）をタップすると、通知をすべて消去できます。確認していない通知がないか確認してから消去しましょう。

ホームボタンがあるiPhoneで通知センターを表示する

iPhoneSEなどホームボタンがあるiPhoneでは、画面の上から下方向にスライドして通知センターを表示します。

ロック画面で通知を表示しないようにする

1 通知の管理画面を表示する

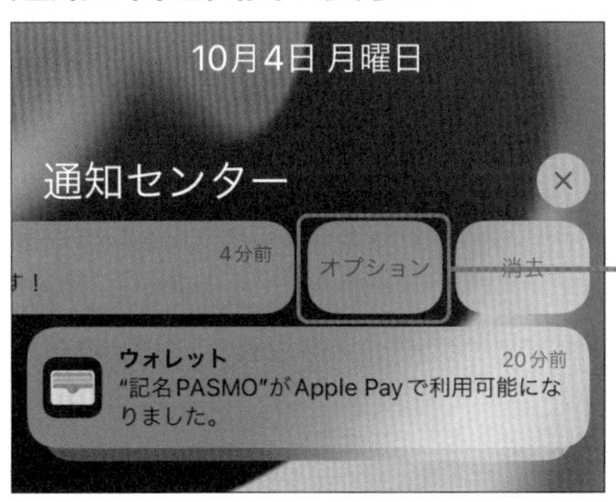

1 通知センターを表示
2 通知を左にスライド
3 **オプション**をタップ

2 通知の設定を表示する

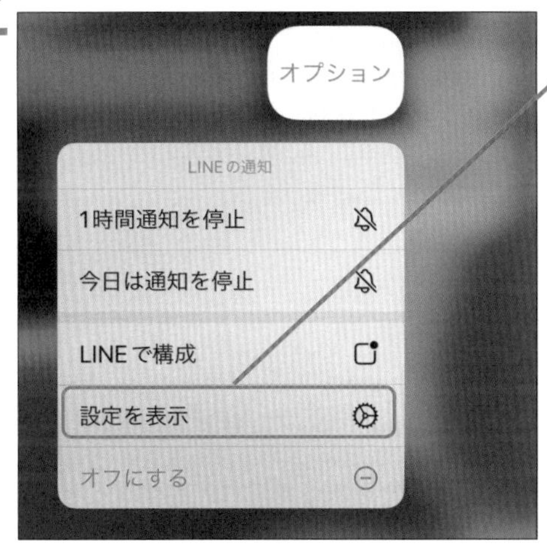

1 **設定を表示**をタップ

3 ロック画面の通知をオフにする

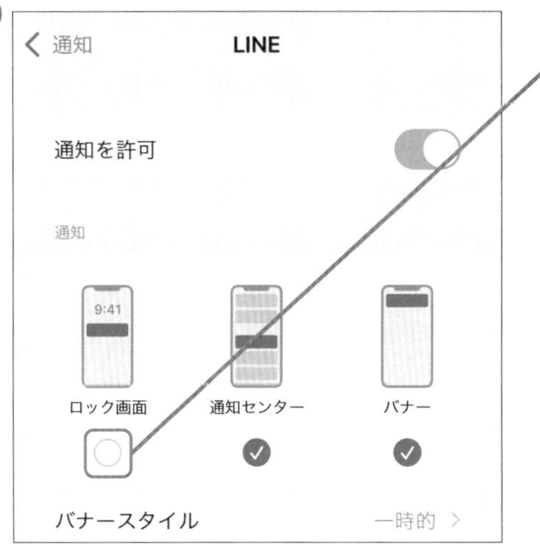

1 **通知**の**ロック画面**をタップしてオフにする

ロック画面の通知

メールやLINEなど特にプライバシーが関係する通知は、ロック画面で表示されてしまうと第三者に覗き見されてしまうかもしれません。ロック画面の通知をオフにしましょう。

ロック画面で通知センターを表示する

ロック画面で通知センターを表示するときは、ロック画面の何も表示されていない場所で少し上にスライドします。うっすらと通知センターが見えてきますので、そのままさらに上にスライドすると表示されます。

グループ化された通知

同じアプリから複数の通知が届いている場合、通知がグループ化されて1つにまとめられています。この場合、[すべて消去]をタップすると、そのアプリから届いている通知がすべて消去されます。

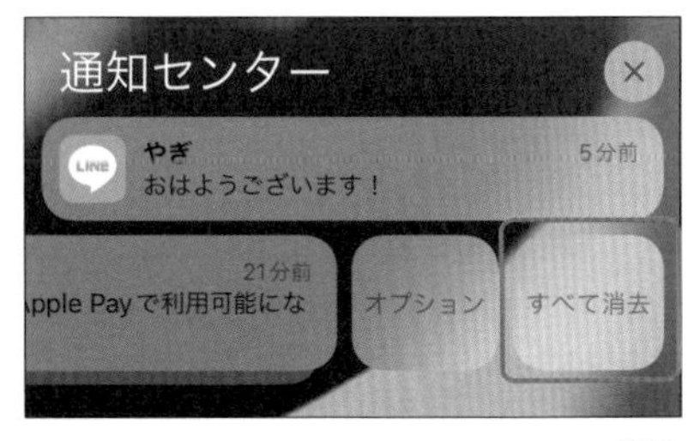

セクション

68 アプリを強制終了するには

遅い動作の改善

アプリを数多く起動していると、動作が遅く感じることがあります。そのような時にはアプリをいったん強制終了しましょう。

アプリを強制終了する

1 起動しているアプリを表示する

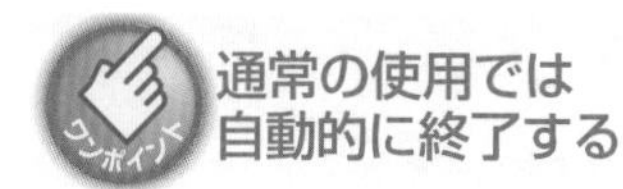

1 画面の下から上方向にスライド

画面中央あたりまで長めにスライドします

2 アプリの一覧が表示される

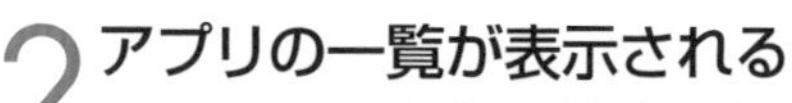

現在起動しているアプリの一覧が表示されます

ワンポイント **通常の使用では自動的に終了する**

iPhoneでは、メモリが不足すると、起動したままで動作していないアプリを自動的に終了して、メモリ容量を回復するような仕組みになっています。したがって通常の使用で快適に使えている間は、アプリを強制終了しなくても問題ありません。

ワンポイント **アプリを切り替える**

起動しているアプリの一覧で、使用するアプリを切り替えることもできます。アプリの一覧で使いたいアプリをタップすれば、アプリが切り替わります。

3 アプリを終了する

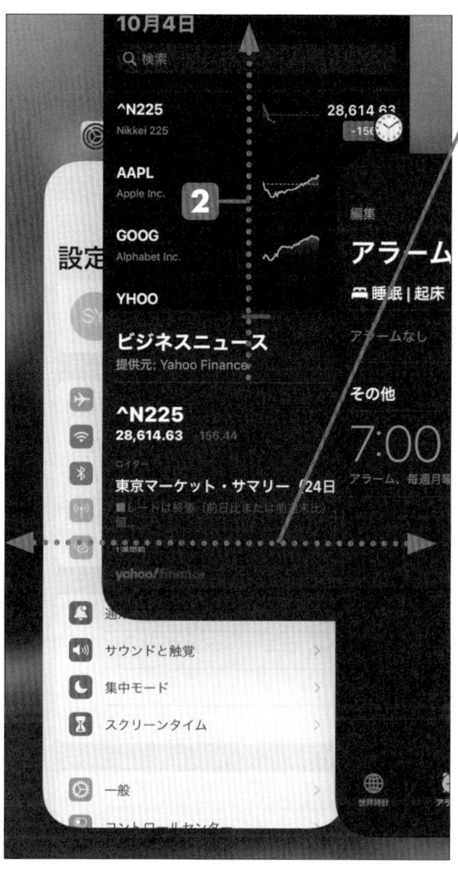

1 左右にスライドして終了させるアプリを表示

2 アプリの表示を下から上にスライド

アプリが終了します

AndroidのスマホでアプリをH強制終了する

Androidのスマホでは、ホーム画面の［最近のアプリ］ボタンをタップしてアプリの一覧を表示し、アプリを終了します。終了する方法は上にスライド、右にスライドなど機種によって異なります。また「全アプリ終了」のように一括ですべてのアプリを終了できる機種もあります。

終了するアプリを画面外にスライドします

最近のアプリボタンをタップして、起動しているアプリを表示します

ホームボタンがあるiPhoneでアプリを強制終了する

iPhoneSEなどホームボタンがあるiPhoneでアプリを強制終了する場合は、以下の手順でおこないます。

▲画面の上から下方向にスライド

▲アプリの一覧が表示された状態で指を1秒程度止める

▲アプリの表示を下から上にスライド

セクション

69 OSを最新の状態にするには

OSの更新

スマホを動かす基本ソフト「OS」は、時々、最新版が提供されます。更新があると画面に通知が届きますので、更新の作業を行いましょう。

OSを更新する

1 設定画面で［一般］をタップする

1 設定画面を表示

2 **一般**をタップ

どんな時に更新が行なわれる？

iOSやAndroidのOSに不具合が見つかったり、セキュリティ上の欠陥が見つかったりしたときには、更新が行われます。また機能を強化して、大きくOSがバージョンアップするときもあります。更新を行えば、発生していた不具合が解消でき、セキュリティ対策にもつながります。

2 ［ソフトウェアアップデート］をタップする

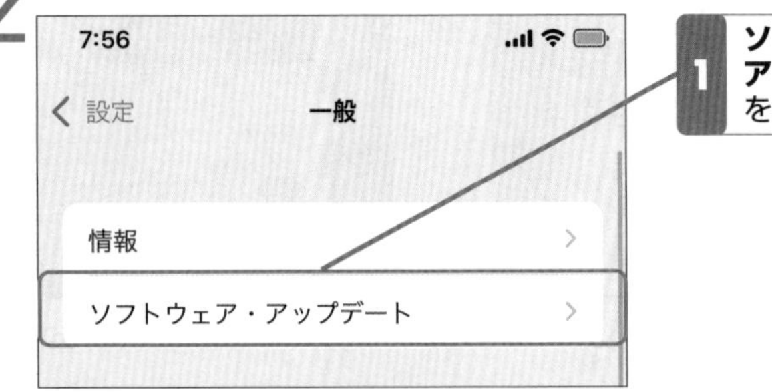

1 **ソフトウェアアップデート**をタップ

ダウンロードは自動的に行われる

最新のOSは本体が電源に接続され、Wi-Fiを使ってインターネットに接続されている状態になると自動的にダウンロードされます。自動的にダウンロードされていないときは、手動でダウンロードすることもできます。

3 ダウンロードする

2 規約に同意する

更新版のインストールが始まります

4 更新が完了する

インストール後に自動的に再起動して更新が完了します

パスワードを入力する

iPhoneにパスワードを設定している場合には、パスワードを入力の画面が表示されます。

インストールには10分程度かかる

インストールには時間がかかります。その間はアプリを使えないほかに、電話の着信も受けられません。iPhoneを使わない時間に行いましょう。

最新のOSに更新できない場合もある

OSの更新は、適用できないことがあります。比較的大きなバージョンアップが行われるときには、旧型の機種はバージョンアップの対象外となることもあります。自分のスマホで更新ができるときだけ、通知が届きます。

更新するときは電源をつなぐ

OSを更新している間は、スマホのシステムに関わるファイルを書き換えています。そのため、途中で電源を切ってはいけません。電源を切るとスマホが起動しなくなることもあります。OSをバージョンアップするときは、途中でバッテリー切れによる電源オフにならないよう、電源につないだ状態で行うようにしましょう。

セクション

70 アプリを最新の状態にするには

アプリの更新

OSの上で動くアプリも、機能強化や不具合修正で、更新版が公開されます。セキュリティ対策や動作の安定性を保つために更新し、最新の状態にしましょう。

第6章

アプリを更新する

1 App Storeを起動する

1 ホーム画面で**AppStore**をタップ

2 アカウントのアイコンをタップ

2 [アップデート] をタップする

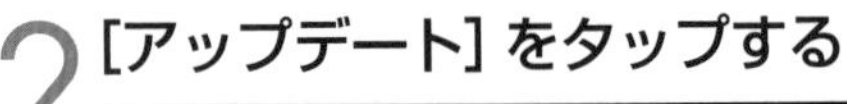

更新のあるアプリが表示されます

1 更新するアプリの**アップデート**をタップ

ワンポイント Androidのスマホでアプリをアップデートする

Androidのスマホでは、「自動更新」をオンにしておくと、自動的に更新できます。ただし、あらためて許諾に同意する必要がる場合や、必要とする権限に変更がある場合などには、自動更新ができませんので、手動で更新します。

更新は、「Playストア」の「アプリとデバイスの管理」から行います。なお項目の名前は機種によって異なることがあります。

ワンポイント まとめてアップデートする

右上にある [すべてをアップデート] をタップすると、更新版が登録されているアプリをまとめてアップデートできます。

3 更新が始まる

4 更新が完了する

更新を中断する

アプリの更新を中断したいときは⊡をタップします。

アップデートをバッジで確認する

アプリの更新があると、AppStoreのアイコンにバッジが表示されます。

iTunes（アイチューンズ）で更新する

パソコンでiTunesを使っている場合、iTunesを使って更新することもできます。iTunesでアプリを更新し、iPhoneを接続して同期すれば、iPhoneのアプリを更新できます。

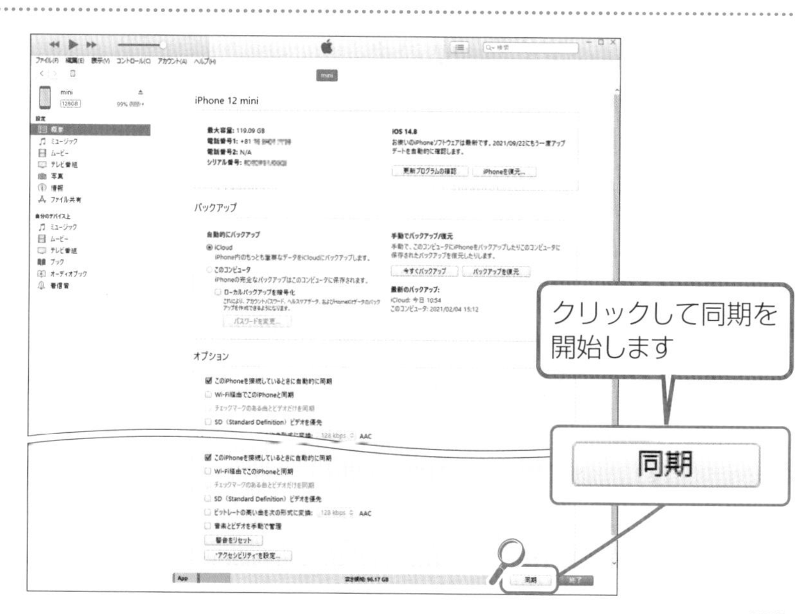

セクション 71

パソコンに写真やビデオをコピーするには

パソコンへの保存

スマホで撮影した写真やビデオは、パソコンにコピーすれば、大きな画面で再生したり、パソコンのアプリを使って加工したりするなど、用途が大きく広がります。

第6章

スマホに入っている写真やビデオをコピーする

1 スマホをパソコンに接続する

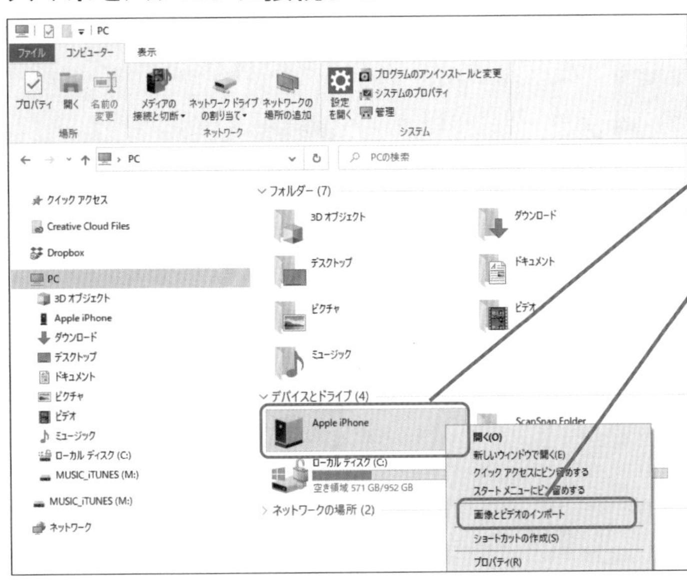

1 スマホをパソコンに接続

Windows 10の場合の操作です

2 **デバイスとドライブ**にあるスマホを右クリック

3 表示されるメニューで**画像とビデオのインポート**を選択

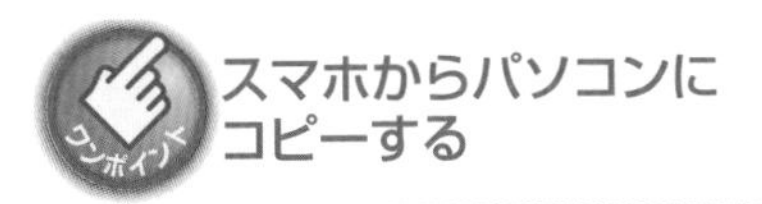

スマホで撮影した写真やビデオは、スマホをパソコンに接続すると、スマホ内のフォルダーからコピーできます。

2 画像がパソコンに認識される

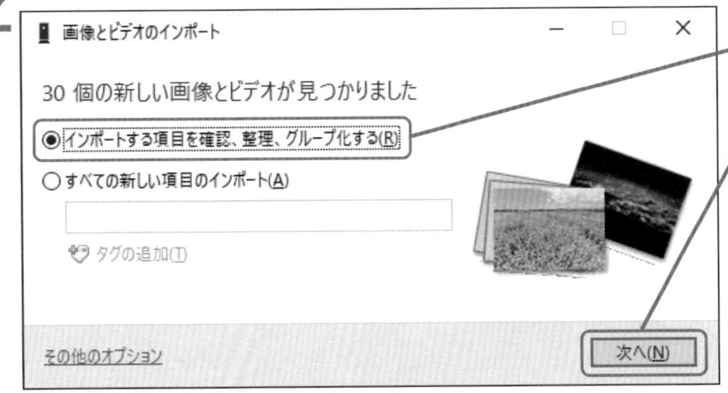

1 **インポートする項目を確認、整理、グループ化する**を選択

2 **次へ**を選択

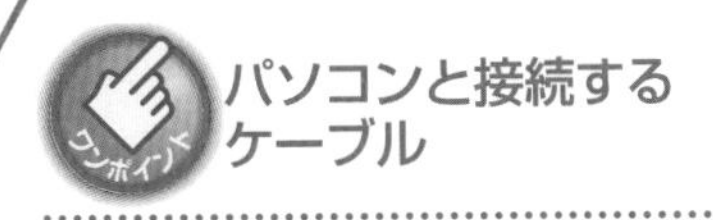

スマホとパソコンは、ケーブルを使って接続します。iPhoneの場合は専用のケーブルを使い、Androidのスマホの場合はスマホの端子に合うUSBケーブルを使います。ただし市販のケーブルの中には充電専用のケーブルがありますので、データのやりとりに対応したケーブルを使います。

3 保存する写真を選択する

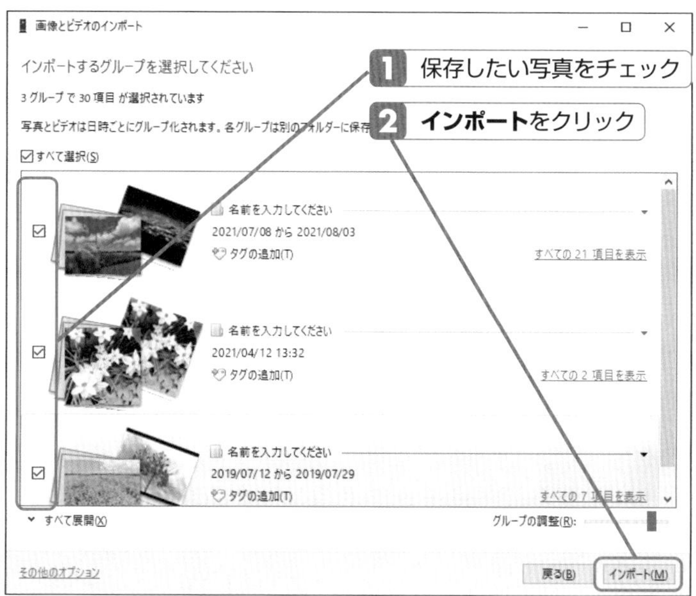

4 写真がコピーされる

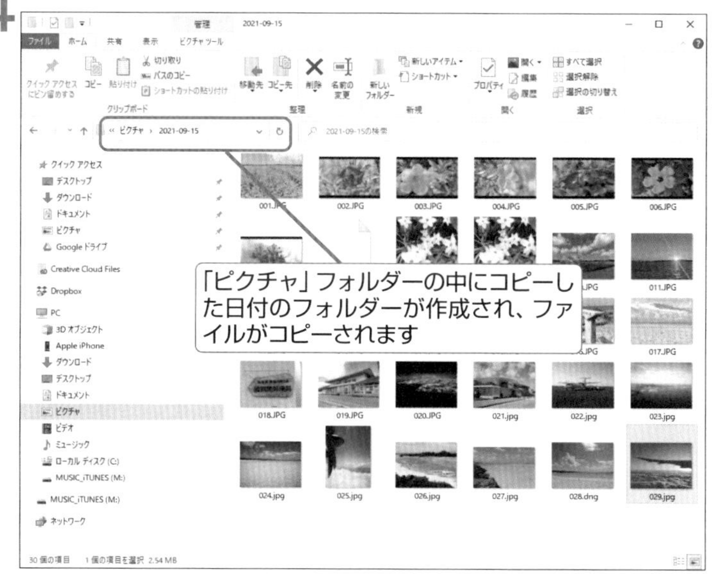

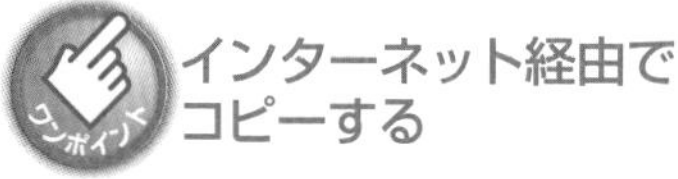

インターネット経由でコピーする

「iCloud」や「Dropbox」など、インターネット上にファイルを保存できるサービスを使うと、インターネット上のディスクスペースを経由してパソコンにファイルを取り込むことができます。パソコンと接続する手間がかからず、インターネット上にバックアップすることも兼ねられます。

iCloudで自動コピー

iPhoneが対応する「iCloud」を使うと、写真やビデオを撮影した時点で、自動的にインターネット上にファイルをアップロードし、パソコンと同期できます。Windowsパソコンで iCloudを使うときは、Windows用のiCloudアプリをインストールします。ただしiCloudで自動コピーを設定している場合、この手順にある「画像とビデオのインポート」を使ったコピーはできません。

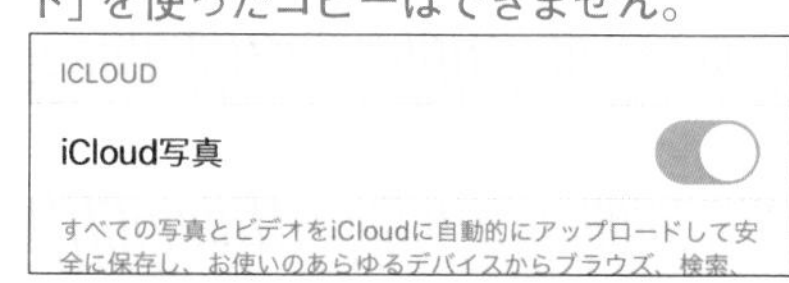

AAEファイル

コピーしたファイルの中で「AAE」が付くファイルはiPhoneの写真アプリで編集したときの情報が含まれたファイルです。同じ番号の画像ファイルが元の状態、番号が＋1になったファイルが編集後の画像ファイルです。

Androidのスマホなら SDカードからコピーできる

Androidのスマホは一般的に、microSDカードを本体に装着して写真やビデオを保存できます。microSDカードに保存したデータは、カードリーダーを使ってパソコンに取り込むことができます。ただしAndroidのスマホの電源を一度切り、microSDカードを取り出す作業が必要になります。

iCloudに保存する

1 アカウント設定を開く

1 設定アプリを起動

2 アカウントのアイコンをタップ

2 iCloud設定を開く

1 iCloudをタップ

3 写真の同期を設定する

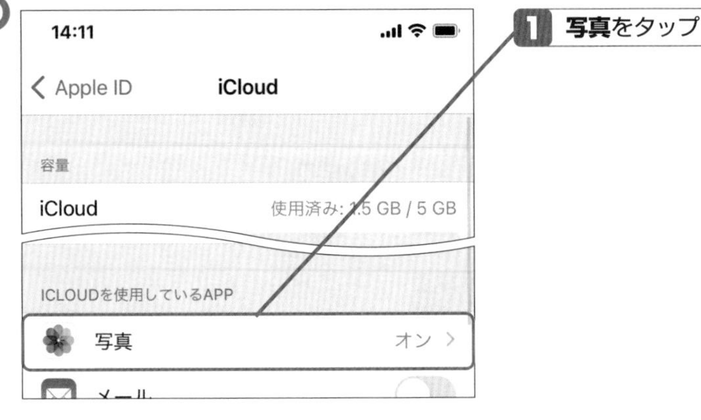

1 写真をタップ

4 [iCloud写真] をオンにする

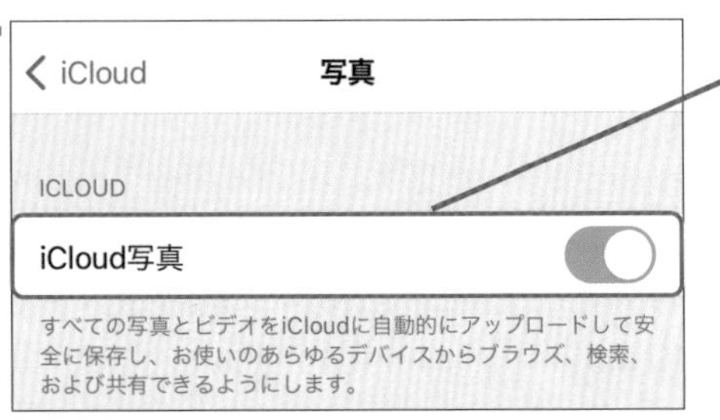

1 iCloud写真をオンにする

有料プランで容量を追加する

iCloudは写真やビデオのほかに、さまざまなファイルを保存できます。2GBまでは無料で使えますが、容量が足りなくなった場合は有料プランを契約して増やすことができます。

iPhoneの容量を調整する

「iPhoneのストレージを最適化」をオンにしておくと、写真やビデオでiPhoneの保存容量が少なくなってきたときに、本体の写真やビデオのサイズを縮小してオリジナルをiCloudだけに保存する機能が働きます。

他の端末で写真を見る

写真やビデオをiCloudに保存すると、同じAppleIDでログインしているパソコンやタブレット、スマホでも写真を見ることができるようになります。Windowsパソコンの場合、iCloudのアプリをインストールして利用します。

▲同じAppleIDでログインしたiPadでも見られるようになる

AndroidのスマホでGoogleフォトに保存する

1 「フォト」アプリを起動する

1 フォトをタップ

2 Googleフォトを設定する

1 アカウントのアイコンをタップ

2 **フォトの設定**をタップ

3 [バックアップと同期] を設定する

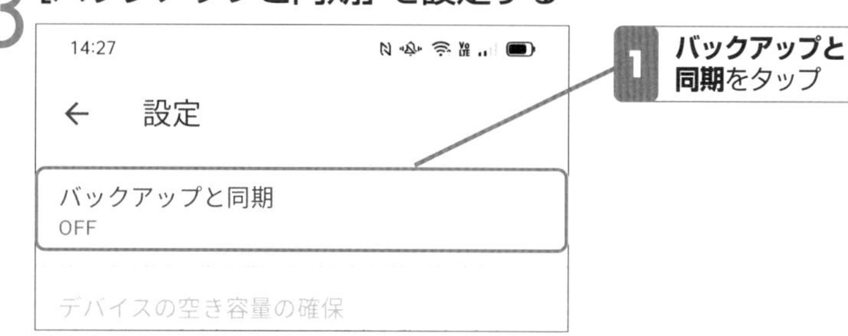

1 **バックアップと同期**をタップ

4 [バックアップと同期] をオンにする

1 **バックアップと同期**をオンにする

有料プランで容量を追加する

Googleフォトは、Googleドライブの中に組み込まれた写真専用のスペースです。Googleドライブにはスマホのバックアップや Gmailのメールなども保存され、Googleフォトで保存した写真の容量もGoogleドライブの容量を消費します。Googleドライブは無料で15GBまで利用できますが、容量が足りない場合は有料プランを契約して増やすことができます。

iPhoneでGoogleフォトを使う

Googleフォトを使うと、同じGoogleアカウントでログインすれば、他のパソコンやタブレットでも写真を見られるようになります。またGoogleフォトはiPhoneにも対応しています。iPhoneでGoogleフォトアプリをインストールして使うと、Androidのスマホで保存した写真をiPhoneでも見られるようになります。

セクション

72 スマホのデータをネットにバックアップして万一に備えるには

データのバックアップ

スマホのデータをバックアップしておきましょう。万が一の故障で、スマホを初期化したときにも元の状態に戻すことができます。

スマホのデータをバックアップする

1 iTunesを起動する

1 パソコンとスマホをケーブルで接続

2 画面左上の**iPhone**をクリック

2 iCloudに設定してバックアップをはじめる

すべてバックアップしたいとき

iCloudへのバックアップで保存されないデータもバックアップしたいときには、[このコンピュータ] をクリックし、[ローカルバックアップを暗号化] をオンにして、パソコンにバックアップします。

バックアップされないデータ

iCloudにバックアップした場合、設定情報やインストールしたアプリの情報などがバックアップされます。LINEのトーク履歴などアプリ内のデータはバックアップされませんので、個別にバックアップが必要です。

バックアップを暗号化

バックアップするときは、バックアップデータを暗号化した方が安全です。[今すぐバックアップ] をクリックしたあと、[バックアップを暗号化] をクリックしてパスワードを入力します。またパスワードをスマホに保存している場合、暗号化しておく必要があります。

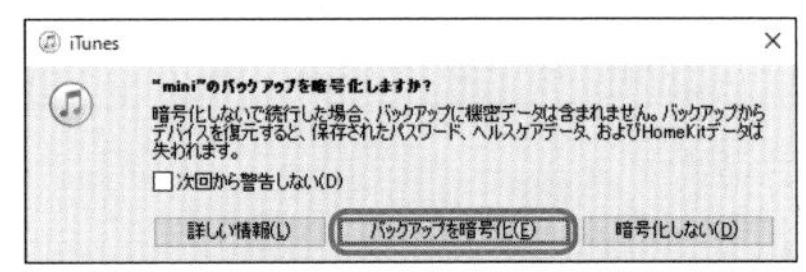

▲[バックアップを暗号化] をクリックする

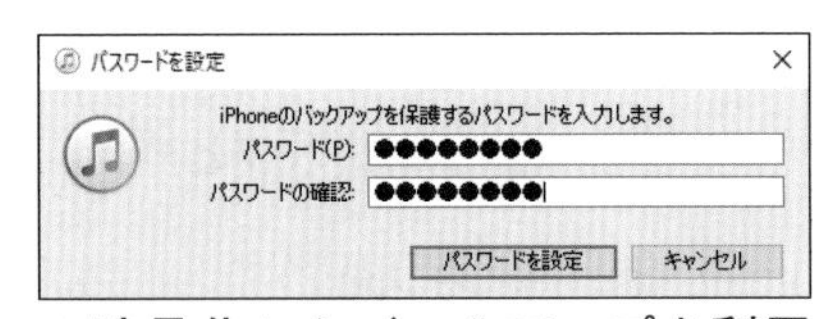

▲暗号化したバックアップを利用するときに使うパスワードを入力する

バックアップを使って復元する

1 iTunesを起動する

2 復元を開始する

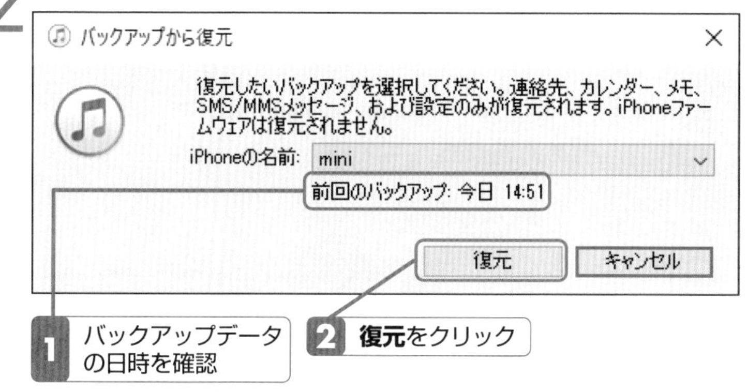

3 パスワードを入力する

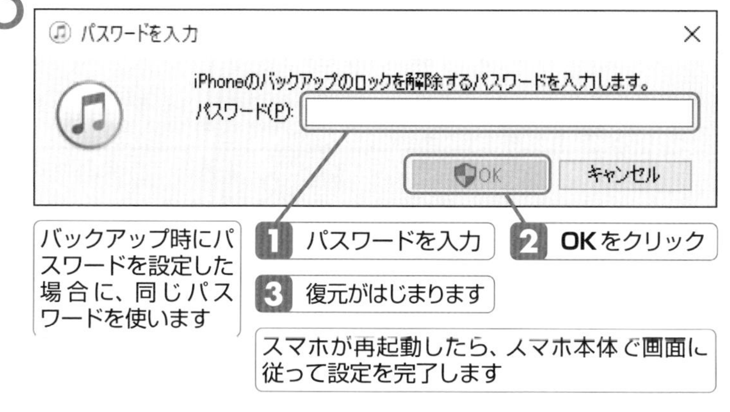

「iPhoneを探す」をオフにする

バックアップを復元するときには、あらかじめスマホの「設定」アプリでアカウントの画面を表示して「探す」をオフにします。

Androidのスマホでバックアップする

Androidのスマホでは、設定画面の「バックアップとリセット」でバックアップを行います。Googleドライブにバックアップできるほか、機種によっては専用のアプリを使いパソコンにバックアップできる場合もあります。

セクション 73

スマホを海外で使うには

国際ローミング

旅行や出張などで海外に渡航するときでも、今のスマホをそのまま使うことができます。ただし状況によって料金が高額になる可能性があるため、事前に準備しておきましょう。

国際ローミングサービスを利用する

1 設定画面を表示する

1 設定画面を表示

2 **モバイル通信**をタップ

2 [通信のオプション] をタップする

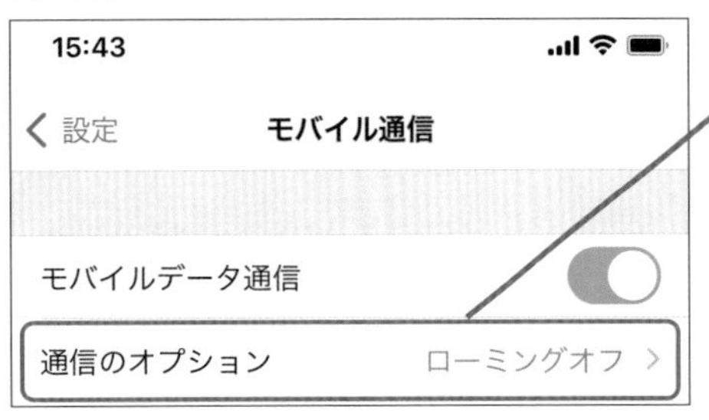

1 **通信のオプション**をタップ

2 次の画面で**ローミング**をタップ

3 [データローミング] をオンにする

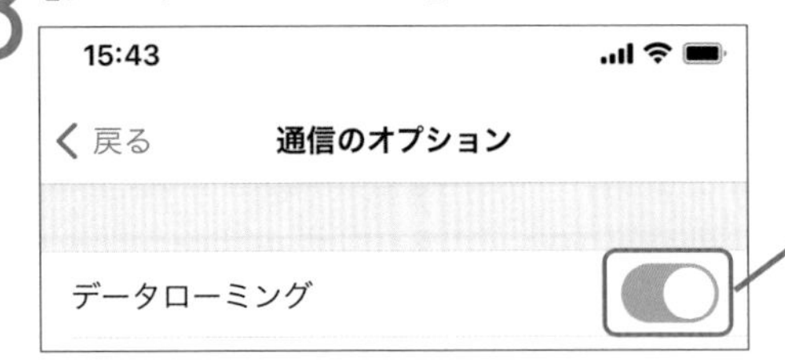

ローミング画面が表示されます

1 **データローミング**をタップしてオンにする

ローミングとは

海外での利用に使われる「ローミング」とは、日本の携帯電話会社が契約している海外現地の携帯電話会社などの回線を利用して、音声通話やデータ通信を行うことです。

通話料金に注意

海外で音声通話をする場合、日本国内で契約している「かけ放題」のような料金プランは適用されません。また海外では一般的に、呼び出し音が鳴った（相手に接続した）瞬間から料金が発生し、着信側にも同様に着信音が鳴った瞬間から通話料金がかかります。

海外にいるときに日本国内からかかってくる電話については、国内を出た部分について着信側の負担となることがあります。あまり長い電話は高額料金になりますので、必要最低限に抑えましょう。

「海外向け定額オプション」を使う

海外でローミングを使って音声通話やデータ通信を行う場合、「海外向け通信プラン」を利用します。日本国内の大手キャリア（ドコモ、au、ソフトバンク）では、1日単位で料金を設定した海外向けの定額オプションを提供しています。海外向けの定額オプションは無料で利用でき、使わなければ費用はかかりません。海外で不意な接続を行い、高額な通信料金になることを防げるので、必ず渡航前に契約を確認しておきましょう。なお格安SIMでは一般的に海外定額プランはありません。また国際ローミングサービスを提供していないことがありますので、後述のレンタルWi-Fiルーターなどを使います。

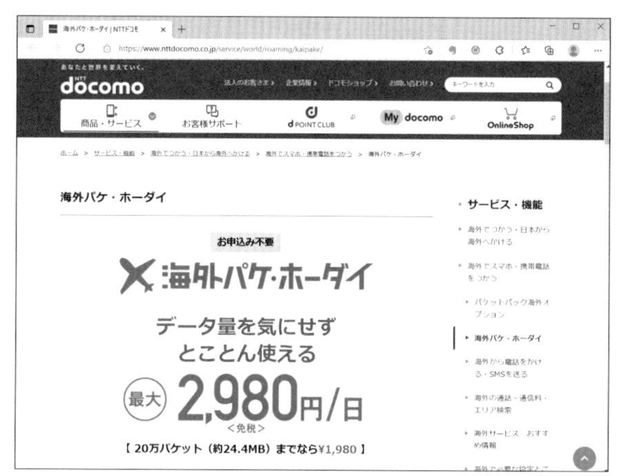

▲ドコモの海外向け定額オプション。渡航前に内容や契約状況を確認しておこう。

レンタルWi-Fiルーターを利用する

海外でスマホを使う場合、海外向けの定額オプションを使っていても渡航期間が長いと割高な料金になったり、対応していない国では高額な料金になることがあります。また、スマホとタブレットを同時に使いたい場合にも端末ごとに海外向け定額オプションを使うことになり、料金がかさんでしまいます。

そこで、レンタルの海外用Wi-Fiルーターを利用します。海外用Wi-Fiルーターには、ローミングをせずに現地で使えるSIMカードが装てんされていて、Wi-Fi接続経由でデータ通信を行うことができます。Wi-Fiルーターには複数の端末から接続できるので、たとえばスマホとタブレット、パソコンを同時に接続したり、一緒に渡航している友人と共用して使うこともできます。

レンタルのWi-Fiルーターを利用する場合は、スマホのローミング設定を「音声通話」のみにして、「データ通信」のローミングはオフにしておくと、不意に接続されることもなく、また電話はローミングを使ってかけることができます。

なお、現地の通信会社のSIMを利用するため、その国の事情や社会情勢によって国際ローミングではつながってもWi-Fiルーターでは制限される通信があります（中国でTwitterやFacebookにつながらないなど）。

▲ほぼすべての国と地域をカバーしている「GLOBAL WiFi」。

セクション

74 表示されている画面をそのまま保存するには

画面の保存

表示されている画面を、画像としてそのままスマホのアルバムに保存できます。ホームページの画面などを保存すれば、メモの代わりに利用できます。

画面を画像で保存する

1 保存する画面を表示する

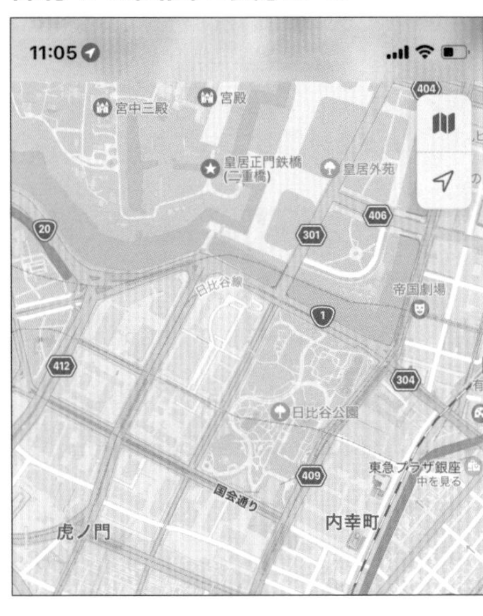

1 保存したい画面を表示

Androidのスマホで画面を保存する

Androidのスマホで表示されている画面を保存する方法は、機種によって異なります。多くの場合、電源ボタンを押しながら［音量を上げる］または［音量を下げる］ボタンを押します。

2 画面を保存する

1 電源ボタンを押しながら音量上げボタンを同時に短く押す

シャッター音がして、画面が写真アプリに保存されます

画面を保存する操作のコツ

電源ボタンと音量上げボタンをぴったり同時に短く押します。このときiPhoneを両手でしっかり持って操作すると確実に画面を保存できます。タイミングがずれて片方のボタンだけを押してしまうとスリープ状態になったり音量調整の表示が出てしまいます。

ホームボタンがあるiPhoneで画面を保存する

iPhoneSEなどホームボタンがあるiPhoneでは、ホームボタンを押しながら電源ボタンを短く押します。

保存した画面を表示する

1 写真アプリを開く

1 写真アプリを開く

アルバムなどに画面が保存されています

メールで送ったり、インターネットにアップロードしたりできます

2 画面をタップ

2 画面が拡大表示される

写真が拡大表示されます

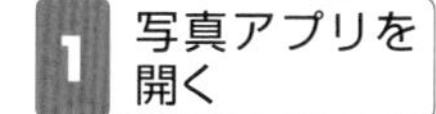

保存した画面の画像形式

画面の画像は、「PNG形式」で保存されます。一般的に使われているファイル形式の1つで、多くの画像編集アプリで利用できます。

保存できない画面

操作中でメニューが表示された状態や、動画を再生している状態の画面などは、保存できない場合があります。

パスワードを入力する画面では、画面の保存ができてもパスワードは非表示の状態で保存されます。

セクション 75

通信速度が遅くなってしまったら

通信速度制限

一定期間でデータ通信の使用容量がプランの上限に達すると、通信速度に制限がかかり、かなり遅くなってしまいます。容量を追加で購入するか、プランを見直しましょう。

容量を超えると速度が遅くなる

普段は快適に使えるスマホですが、契約しているプランで決められているデータ通信容量が上限に達すると、その先は通信速度制限がかかり、低速化されてしまいます。

具体的には、通常は100Mbps～250Mbpsといった速度で通信できているものが、256kbps～1Mbps程度になり、通常時からはかなり遅い速度になります。

通信速度制限がかかった状態でも、文字だけのメールやLINEのやりとりであればそれほど問題なく使えます。しかし、LINEのトークの着信が遅れることがあるといった不便を感じるときもあります。また、写真をSNSに掲載したり、YouTubeなどの動画配信サイトで動画を見る場合にかなり不便で、写真の掲載にかなりの時間がかかったり、見ている動画が止まったりします。

追加で容量を購入する

通信速度制限がかかっても、つながらないことはないので、使い続けることはできます。ただそれでは不便と感じるのであれば、追加で容量を購入することができます。

携帯電話会社のホームページから申し込むと、その場で通信速度制限が解除され、通常の速度で利用できるようになります。一般的には、1GB＝1,000円程度で、1GB単位で購入します。500MB＝500円程度から購入できる携帯電話会社もあります。

また、通信速度制限がかかったときに、自動的に容量を追加購入する設定ができる携帯電話会社もあります。残りの容量の確認や購入手続きが面倒であれば、自動的に容量を購入できるようにしておくと便利です。

容量を追加購入した場合、残った分を翌月に繰り越せるなど、携帯電話会社によって細かいサービスやルールが決められていますので、ホームページで確認しておきましょう。

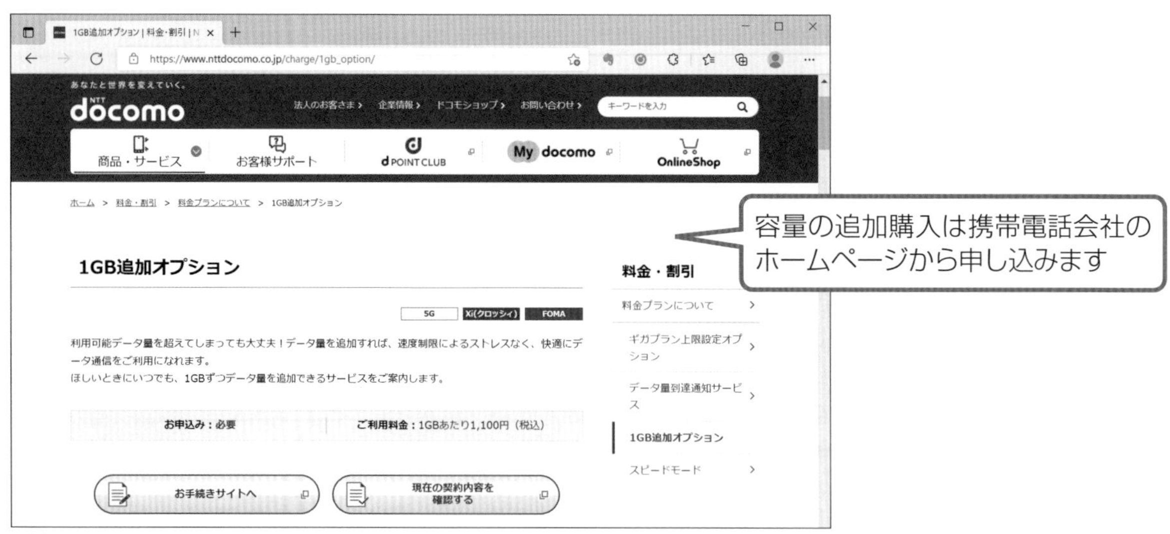

格安スマホは容量追加ができない場合も

格安スマホでは、会社により追加の容量を購入できないことがあります。その場合、プランの変更で対応すれば翌月から容量を増やすことができます。

プランを見直す

「今月は動画をたくさん見た」というように、ときどきプランの容量を超えるのであれば、その都度追加で容量を購入すれば、必要な分だけ購入できるので無駄になりません。しかし、毎月のように容量を超えてしまうのであれば、プランを見直した方が料金を抑えられる可能性が高くなります。

たとえば今、5GBのプランで、毎月のように2GBを追加しているのであれば、7GBのプランに切り替えた方が割安です。あるいは、家族で利用している場合、大手キャリアでは家族全体で容量を使えるプランもありますので、家族全体で使用する容量を計算して適切な容量のプランにするのもよいでしょう。もしわからなければ、毎月使う容量だけ把握して、携帯電話のショップに行けば、もっとも適切なプランを紹介してもらえますし、契約の切り替えも手続きできます。

はじめはほとんどデータ通信容量を使わなくても、使いこなすようになればより多くのデータ通信容量を使うようになるので、定期的にプランの見直しを行うのも、料金を節約する方法の1つです。

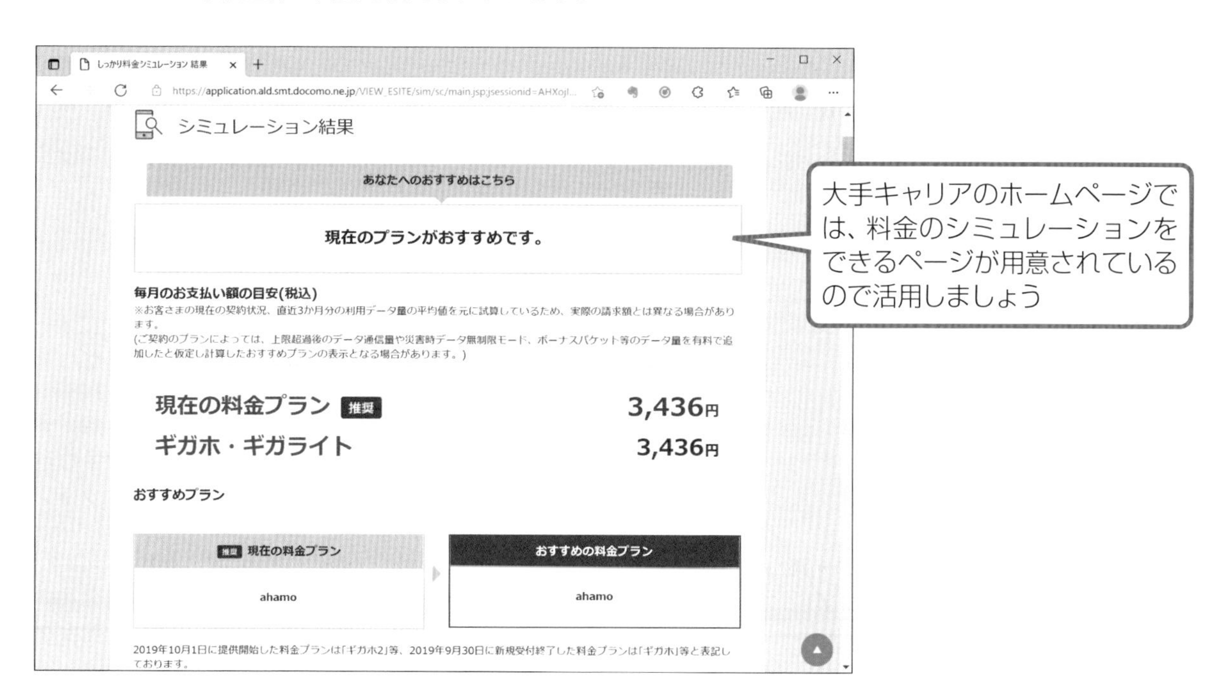

セクション

76 暗証番号やパスワードを忘れてしまったら

パスワードの確認

スマホを使っているとさまざまな場所で必要になる暗証番号やパスワード。うっかり忘れてしまっても、焦らず、所定の方法で確認しましょう。

暗証番号やパスワードを確認するまでの流れ

インターネットバンキングやSNSなど、インターネットを利用したさまざまなサービスで、暗証番号やパスワードを使います。もしも忘れてしまった場合には、それぞれのサービス内で暗証番号やパスワードの再発行を行います。

このとき、本人確認を必要とするため、多くのサービスでは事前に登録した「生年月日」や「電話番号」、「メールアドレス」などに加えて、「秘密の質問」が用意されています。

自分が設定した質問とその答えを入力して、合っていれば本人確認が完了します。その後は、メールアドレス宛に新しい暗証番号やパスワードが送られてきたり、暗証番号やパスワードをリセットする手続きを行うページのアドレスが送られてきたりします。続いて新しい暗証番号やパスワードを登録しましょう。

ネットのサービスで暗証番号やパスワードを確認する

● ログイン画面から確認する

Googleの場合です

1 **パスワードをお忘れの場合**をタップ

以降は画面の指示に従って操作します

多くのサービスでは、ログイン画面に「パスワードを忘れた場合」の手続き方法があります

フィッシング詐欺に注意！

銀行やクレジット会社を装って、「セキュリティのために、暗証番号やパスワードを再設定します」とメールを送りつけ、画面にIDやパスワードを入力させ、個人情報を不正に入手するのが「フィッシング詐欺」です（セクション77参照）。本物そっくりな偽のWebページに誘導するなど、巧妙な手口で、被害を広げています。実に覚えのないメールからは、絶対にページを開かないようにしましょう。

iPhone本体の暗証番号やパスワードを忘れたら

スマホ本体の暗証番号やパスワードを忘れてしまったら、基本的にはスマホを初期化します。初期設定すると、保存されているメールや写真などはすべて消えてしまいます。暗証番号やパスワードは忘れないようにしましょう。

メモ帳に記録し、人に見られない場所に保管しておくのもよい方法です。

◀iPhoneの場合、iTunesに接続してバックアップを保存し（セクション72参照）、❶の［iPhoneを復元］で初期状態にリセットしてから、続いて❷の［バックアップを復元］を行うと、パスワードを設定していない状態に戻せる

Androidのスマホ本体の暗証番号やパスワードを忘れたら

ほとんどのAndroidのスマホでは、暗証番号やパスワードを何度か間違えるとロックされます。一定時間後に再度入力できるようになりますが、パスワードを再設定することはできず、専用のソフトやサポートに連絡して初期化するしか方法がありません。画面ロックのパスワードは絶対に忘れないようにしましょう。

パスワードを何度か間違えるとロックされます。一定時間後に再度入力できるようになりますが、パスワードを再設定することはできません

セクション 77

詐欺などのトラブルに巻き込まれないために

詐欺や不正請求の手口

スマホはとても便利ですが、しかし一方で悪用した詐欺や不正請求などの被害が後を絶ちません。トラブルに巻き込まれないために気を付けることがあります。

ほとんどはメールからはじまる

詐欺や不正請求、「フィッシング」(不正な情報取得)など、スマホを使っていて巻き込まれるトラブルの話を一度は聞いたことがあるかもしれません。今、スマホやインターネットを介した犯罪は頻発していて、金銭的な被害のほかにも、個人情報が盗まれるといった多様な被害が起きています。

このような犯罪が増えていると、「スマホは恐い」と思ってしまうかもしれません。しかし、普段から気を付けていれば、スマホは便利で毎日を楽しくする道具として使うことができます。ではどのようなことに気を付ければよいのでしょうか。

被害の発端は、ほぼメールと言っても過言ではありません。

メールに書いてあるホームページを開いたら個人情報が盗まれた。メールに返信したら詐欺に巻き込まれ金銭を奪われた。このように、多くの被害はメールが発端となっています。なおここでのメールは、ショートメール(SMS)やインターネットメール(GmailやiCloudメールなど)のほか、LINEのメッセージなども含まれます。

まずは不審なメールに気を付けましょう。たとえば次のようなメールは、すぐに削除してください。

ただ、特にスマホではメールを開いて本文が表示されただけで被害に遭うようなことはまずありません。慌てずに削除すれば安全です。

- 知らない人や企業からの「儲け話」などの誘い
- クレジットカードやパスワードの有効期限切れなどで再設定を求める内容
- ホームページの会社とアドレスの表記(綴り)が合っていない
- 身に覚えのない添付ファイルが付いている
- 日本語がおかしい
- 普段使わない言語
- 知り合いや知っている企業からでも内容が意味不明

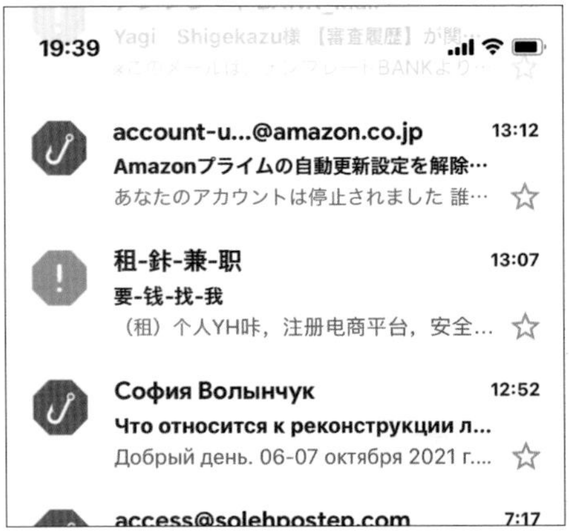

19:39

account-u...@amazon.co.jp 13:12
Amazonプライムの自動更新設定を解除…
あなたのアカウントは停止されました 誰…

租-鈝-兼-职 13:07
要-钱-找-我
(租)个人YH咔，注册电商平台，安全…

София Волынчук 12:52
Что относится к реконструкции л...
Добрый день. 06-07 октября 2021 г....

access@solehpostep.com 7:17

◀クレジットカードやパスワードの再設定を求めることを装って、偽のホームページに誘導し情報を盗み取る詐欺メールは非常に多く出回っている。よく知られた企業からのメールに見えても、内容が偽装されていることもある。

このようなメールは特に危険性が高く、削除してください。また、知り合いや知っている企業から届いたといっても、名前やメールアドレスの情報が漏れていると「なりすまし」で送られることもあります。内容が意味不明なら知り合いやその企業の問い合わせ先に電話などで聞いて確認し、削除しましょう。

迷惑メールフィルターを使う

自分の名前やメールアドレスの情報が漏れると不安になります。誰でも名前やメールアドレスといった個人情報はしっかり管理しているはずです。しかしたとえ自分が気を付けていても、たとえば以前商品を購入したショッピングサイトの情報が盗まれてしまうこともあります。そういった情報の漏えいから、迷惑メールが届くようになります。

これを防ぐ方法はありませんので、迷惑メールは誰にでも届くものと考えた方がよいでしょう。だからこそ、迷惑メールと必要なメールを区別できるようにします。

しかも詐欺やフィッシングなどの手口は日々高度化しています。一見しただけでは不審点がないメールでも、実際にリンク先にジャンプすると偽のホームページが開くような手の込んだ手口もあります。どれだけ気を付けていても、気付けないこともあります。

そこで「迷惑メールフィルター」を使います。GmailやiCloudメール、YAHOO!メールなど、大手のメールサービスでは必ず迷惑メールフィルターが利用できます。迷惑メールフィルターを使うと、不審なメールは自動的に迷惑メールフィルターのフォルダーに移動し、一定期間後に削除されるので、見ることも開くこともなく安全です。

ただ迷惑メールフィルターは万全ではなく、時にはすり抜けて受信してしまうこともあります。逆に必要なメールが迷惑メールフィルターに移動してしまうこともあります。

届くはずのメールが来ないときには迷惑メールフィルターを探してみると見つかることがあります。しかしそのときも他のメールを開かないことが大切です。

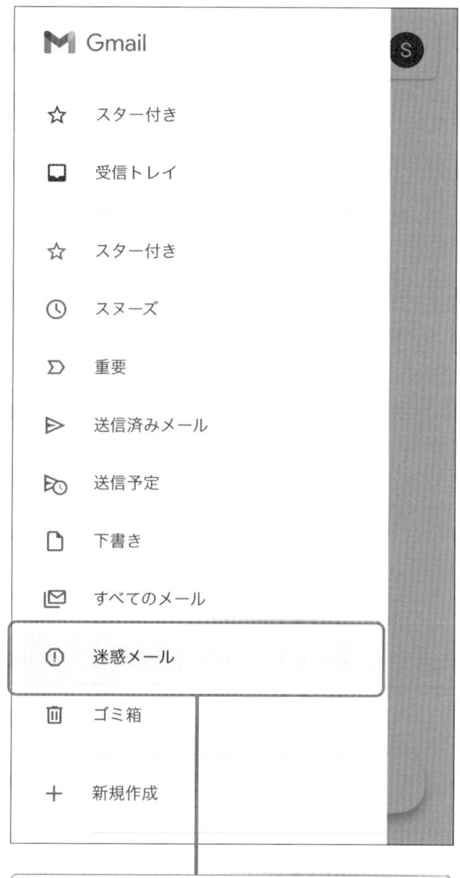

大手のメールサービスでは迷惑メールを自動的に判別して「迷惑メール」フォルダーに移動する。迷惑メールフォルダーのメールは原則、開かないこと。判定レベルの強さを調整できるサービスもある

セクション 78

スマホが突然動かなくなったら

スマホの再起動

ある日突然、スマホが動かなくなって、ボタンや画面が反応しなくなっても慌てずに対処しましょう。スマホには強制的に再起動する方法があります。

少し待ってからスマホを強制的に再起動してみる

スマホが突然、動かなくなる原因にはいくつか考えられます。起動しているアプリのエラーやメモリの不足など、いずれも予期しないときに発生します。慌てず、まずはしばらく待ちましょう。何らかの大きな処理を行っているため、スマホが動かなくなっている可能性があるからです。おおむね1〜2分程度、そのまま待ちます。それでも動かないようであれば、スマホを強制的に再起動しましょう。

iPhoneを強制的に再起動する

iPhoneの場合、次の手順で操作すると、強制的に再起動されます。

1 [音量+]ボタンを押してすぐ放す

2 [音量−]ボタンを押してすぐ放す

3 電源ボタンを画面表示が消えるまで押し続ける

強制再起動直前のデータは保存されない

スマホを強制的に再起動した場合、直前の状態は保存されません。アプリはすべて強制的に終了されますので、保存していないデータは消えてしまいます。

ホームボタンがあるiPhoneの再起動

iPhoneSEなどホームボタンがあるiPhoneでは、ホームボタンと電源ボタンを同時に押し続けます。

Androidのスマホを強制的に再起動する

Androidのスマホでは、機種によって方法が異なります。多くの機種では電源ボタンと音量ボタンを同時に押し続けることで、強制的に再起動されます。具体的には「電源ボタン」と「音量＋」または「音量－」の2つを同時に、あるいは「電源ボタン」と「音量＋」と「音量－」の3つを同時に、いずれも10秒程度押し続けることで再起動できます。

万が一に備えて、あらかじめメーカーのホームページなどでスマホを強制的に再起動する方法を確認しておきましょう。

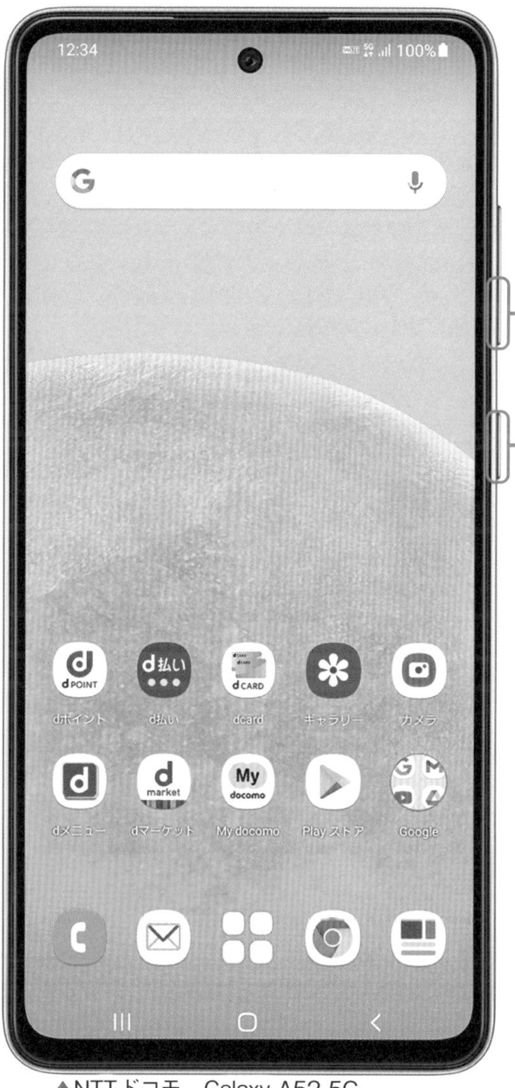

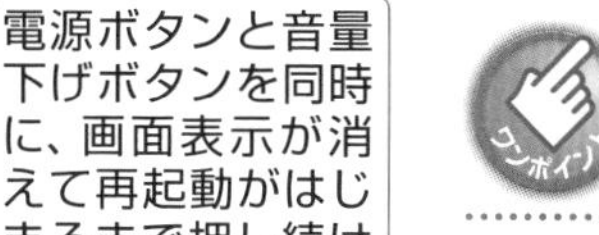

▲NTTドコモ　Galaxy A52 5G

電源ボタンで再起動する機種もある

Androidのスマホで、一部「電源ボタンを押し続ける」と強制的に再起動できる機種もあります。押し続けると、画面が暗くなり、メーカーのロゴマークなどが表示されますので、ボタンを離します。

▲ソフトバンク　AQUOS R6

その他の再起動方法

ソニー製のXperiaシリーズのごく一部にはリセットスイッチが搭載されています。また、同じくXperiaシリーズでは、SIMカードを取り外すと強制的にリセットされる機種もあります。

セクション

79 予備のバッテリーは持つべき？

市販の携帯バッテリー

スマホを持ち歩いて気になるのはバッテリー切れです。予備のバッテリーを持ち歩けば、外出先でも安心してスマホを利用できます。

第6章

予備のバッテリーを用意する

スマホはバッテリー消費が早く、1日持ち歩いている中でホームページを見たりメッセージをやりとりしたり写真を撮影したりしていると、夕方にはバッテリー切れになることもあります。そんなときのために予備バッテリーを用意しておくと安心です。

以前はスマホもガラケーと同じように本体のバッテリーをもう1つ持ち歩き予備として使うこともできましたが、最近のスマホはバッテリーの交換ができません。そこで、モバイルバッテリーと呼ばれる充電式のバッテリーを用意して、必要に応じて充電します。

モバイルバッテリーは家電量販店や通販などで販売されています。容量によって充電できる回数や時間も変わりますが、容量が大きくなれば重くなり、価格も上昇します。製品には「スマホの充電可能回数のめやす」が明記されていることが多く、一般的には「スマホ1回～2回分」の容量があれば十分でしょう。回数が明記されていない場合、バッテリーの容量（mAh＝ミリアンペアアワー）を確認し、おおむね「2000mAh～3000mAh」のものを用意します。

モバイルバッテリーを買うときには品質に注意しましょう。一部の通販では海外製の粗悪品が流通していて、過熱し爆発する事故が多く起きています。極端に安いものや商品説明の日本語がおかしいものなど、不審な製品は避けるようにしましょう。

▲モバイルバッテリー
DE-C22L-3350BK（エレコム）

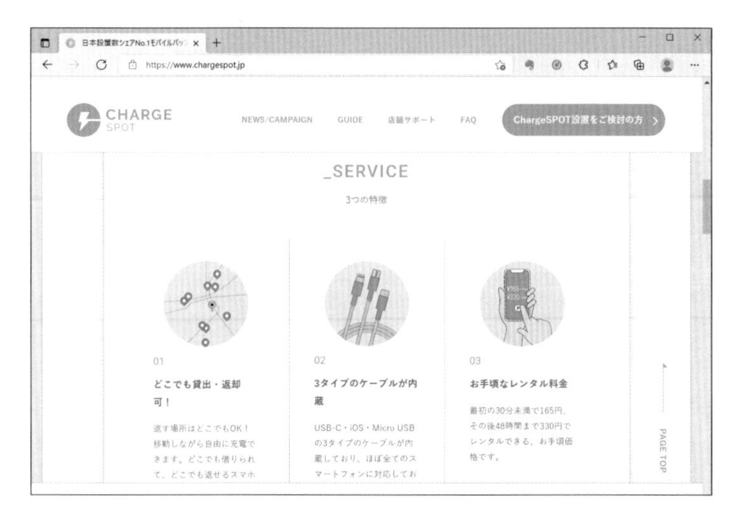

▲モバイルバッテリーをシェアする「CHARGE SPOT」。アプリで登録し街中に設置されたスポットでモバイルバッテリーを借り、充電して返却する。料金は使用時間で165円（30分未満）～330円（48時間）程度。

予備のバッテリーの上手な使い方

USBケーブルで接続する汎用のバッテリーを使うときに、充電の状況によっては十分に充電されなかったり、本体のバッテリーを痛めてしまったりすることがあります。汎用のバッテリーもスマホも長く使い続けるために、以下のことに注意しながら使いましょう。

❶充電中はスマホをできるだけ使わない

スマホを使いながら充電すると、バッテリーに大きな負荷がかかり痛みます。寿命が短くなったり、使える時間が短くなることもありますので、充電中はできるだけスマホを使わないようにします。

❷バッテリーを長い時間放置して自然放電させない

バッテリーは放置しておくと、少しずつ自然に放電します。これが続き、バッテリーの残量がゼロになるとバッテリーの性能が落ちます。そこでバッテリーはつねに充電された状態にしておきます。

❸バッテリーを充電したらケーブルを抜く

充電が完了しても充電ケーブルを接続したままにしていると、負荷がかかりバッテリーの性能を下げることもありますので、充電が終わったらケーブルから抜いてください。バッテリーによっては自動的に充電を完全に停止するものもありますが、自然放電と充電を繰り返すことでバッテリーが劣化するので、充電が完了したらコンセントから抜く習慣を付けましょう。これはスマホ本体も同様です。

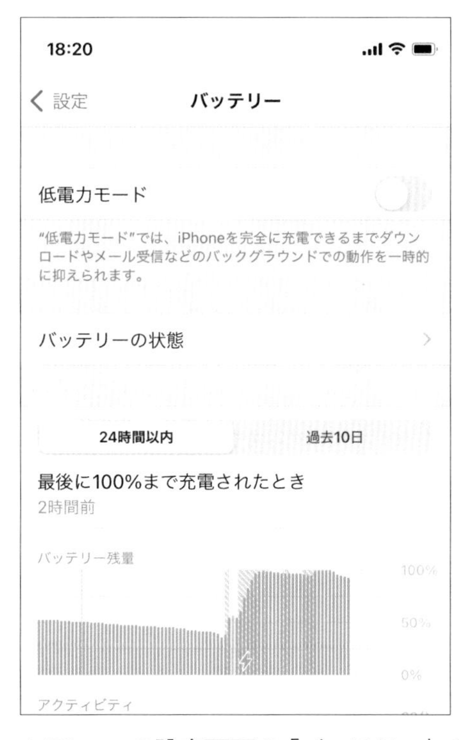

▲iPhoneの設定画面の「バッテリー」では、1日のバッテリー残量経過やバッテリーを消費しているアプリなどを確認できる。

セクション 80

スマホが故障したら

調子が悪いときの対処

スマホの調子が悪い、動かなくなった！　再起動しても状況が改善しない…といったようなときは、携帯電話会社に相談して、故障であれば修理を依頼します。

問題がどこにあるかをチェックする

スマホを使っていて、調子が悪いとき、あるいは動かなくなってしまったら、故障しているかもしれません。まずは以下のような、いくつかの問題点をチェックします。

● 調子が悪いときに使っているアプリを確認する

「電話の話が聞こえづらい」、「メールの受信ができない」など、調子が悪いときに使っているアプリがいつも同じなら、スマホ本体の故障ではなく、アプリが正常に動作していないのかもしれません。削除できるアプリであれば、再インストールして解決することもあります。また、購入時からインストールされているアプリの中には、削除できないアプリもありますので、データをバックアップしてから初期化することも検討します。

アプリに原因がある場合の主な解決方法
・アプリを削除（アンインストール）してから再インストールする
・そのアプリを使わないようにする

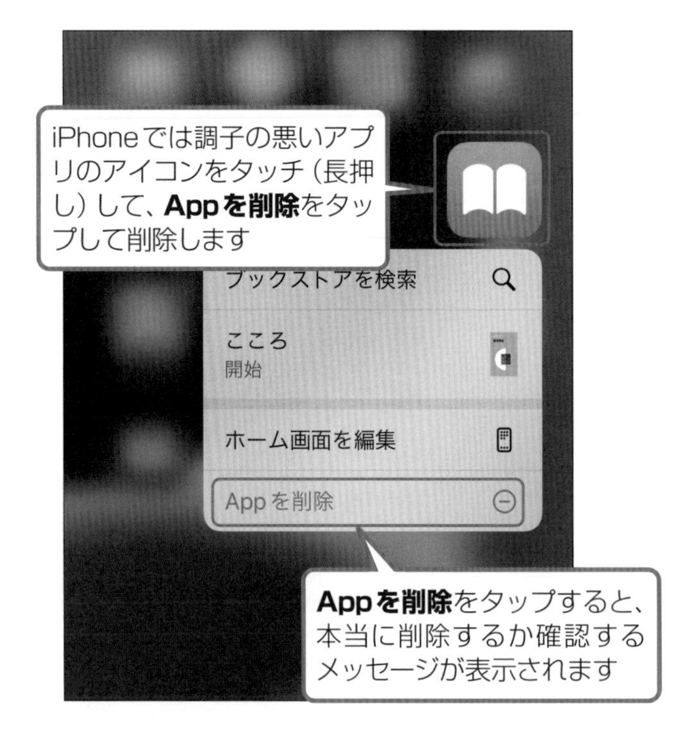

アプリに不具合が無いのに調子が悪い

アプリの動作の不具合以外にも、アプリが消費するメモリが多く、メモリを圧迫することでスマホの調子が悪くなるといった原因も考えられます。

調子が悪くなるときのタイミングや動作を確認しておく

調子が悪くなるとき、いつも同じ動作をしているなら、その動作に関わるアプリや本体の機能に不具合があると考えられます。アプリであれば再インストールすると解決することもありますが、解決できない場合には状況をメモしておき、携帯電話会社の販売店などで相談するときに伝えます。

初期化で解決することもある

状況や動作をチェックしても解決できない場合は、スマホを初期化してみます。初期化する前に、できるだけバックアップを取り、元の状態に戻せる準備をしてから、スマホを初期化（リセット）します。

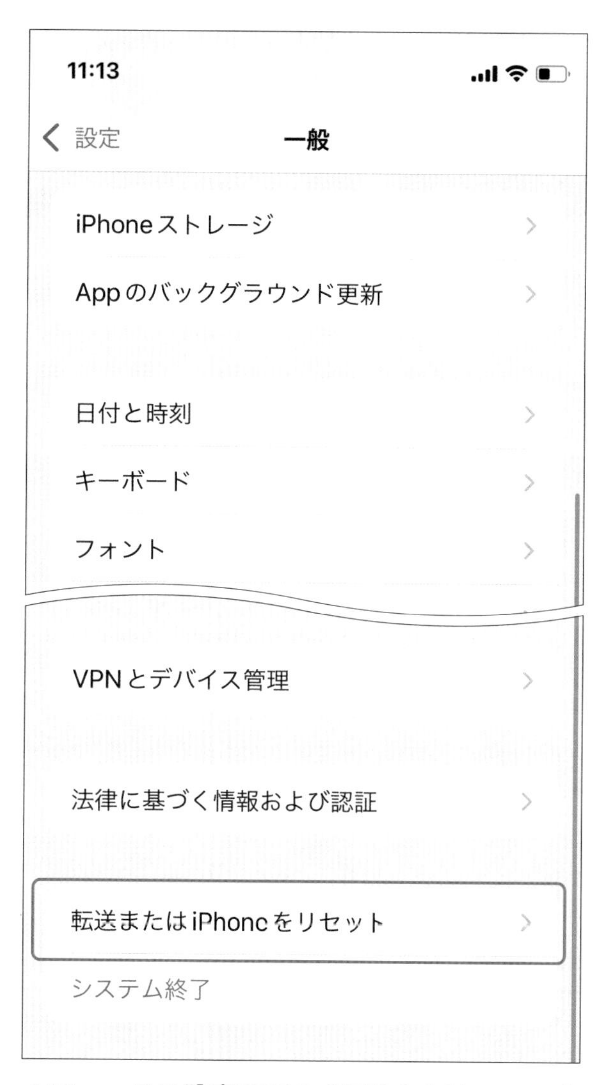

▲iPhoneでは設定画面の［転送またはiPhoneをリセット］からスマホを初期化できる

スマホの初期化

スマホを初期化するときは、「設定」の「一般」で［転送またはiPhoneをリセット］をタップして、［リセット］をタップし、［すべての設定をリセットをタップします。

Androidのスマホでは、「設定」の「バックアップとリセット」で［データの初期化］をタップします。

また、アプリの動作によって不具合が生じていることも多いので、初期化した後には、あまりアプリをインストールせず、最小限のアプリをインストールしてしばらく様子を見ましょう。

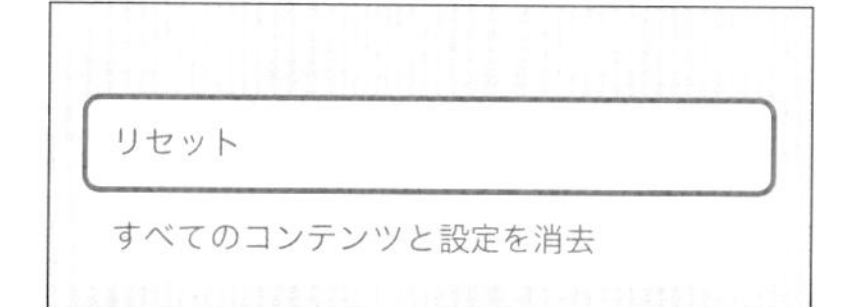

▲［リセット］をタップする

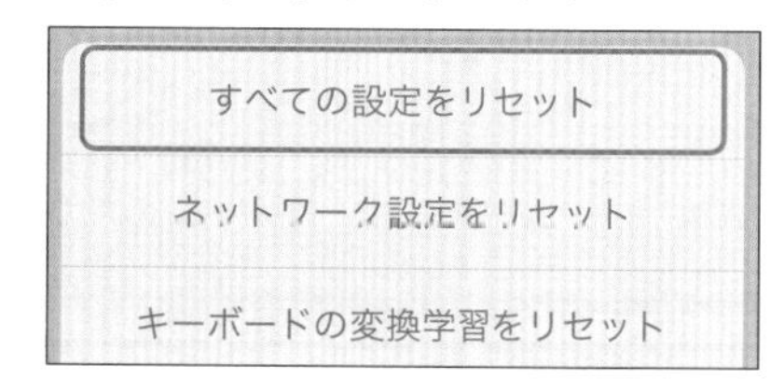

▲［すべての設定をリセット］をタップすると初期化され、保存していた写真や電話帳などのデータもすべて消去される

解決できない場合は販売店に相談

スマホの電源が入らなかったり、初期化しても解決しなかったりしたら、携帯電話会社の販売店に持ち込み、修理を依頼します。修理している間の代替機などについては販売店に相談しましょう。また、保障期間であれば、保証書を提出することで、修理代金が無料になることもあります。

セクション

81 スマホを落としたり、紛失、盗難に遭ったりしたら

紛失時の対処

スマホを紛失してしまったら。すぐに手続きをしましょう。見つからない場合、すぐに届けます。悪用防止のために、できるだけ早い手続きが必要です。

スマホを探すアプリで確認する

1 [iPhoneを探す]を起動する

1 パソコンのブラウザーで「http://www.icloud.com/」にアクセス

2 Apple IDでログイン

3 **iPhoneを探す**をクリック

2 iPhoneの位置が表示される

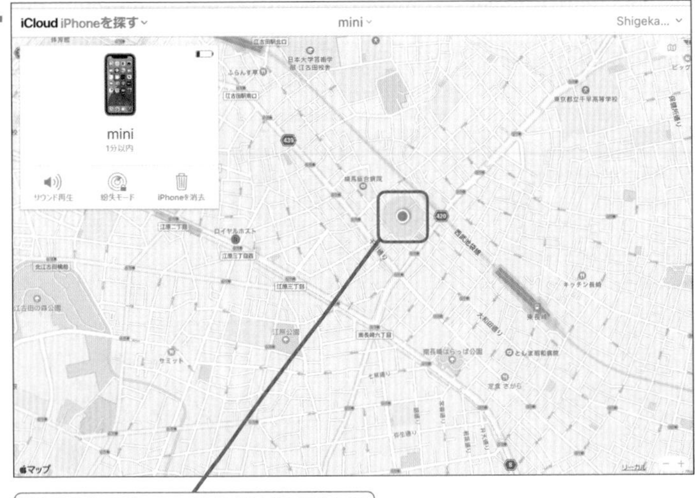

地図上にiPhoneの位置が表示されます

「iPhoneを探す」を利用する

スマホの位置情報を使って、スマホがある位置を表示するアプリやサービスがあります。iPhoneでは、「iPhoneを探す」を利用できます。「iPhoneを探す」は、アプリに加えて、パソコンでブラウザーから操作することもできます。

スマホの電源が入っていて、位置情報を送信できる状態であれば、スマホの場所が地図でわかります。

Androidでスマホの位置を探す

Androidのスマホでは、携帯電話会社で探すサービスを提供していることがあるので、確認して利用しましょう。位置を表示するアプリもありますが、位置情報を表示するアプリには、それを悪用して情報を盗み取るアプリや遠隔操作で乗っ取る不正なアプリもまれに存在しますので、権限の情報やレビューをよく確認してからインストールしましょう。

回線を停止して必要な届出を行う

位置を探すアプリで見つからない場合、スマホの使用を一時的に停止する手続きを行います。手続きは携帯電話会社ごとの「紛失・盗難時の連絡先」に電話で連絡します。手続きを行うと、スマホの回線を停止し、通話やネット接続ができないようになります。

また、携帯電話会社が電波の発信状況を確認して、おおまかな位置を調べてくれたり、遠隔操作でスマホをロック、内容を消去したりするサービスもあります。事前に確認しておくとよいでしょう。紛失や盗難であることがほぼ確実であれば、警察への届出も必要です。

紛失や盗難でスマホが他人に悪用されると、通話料や通信料で予期しない高額な請求が発生したり、連絡先の個人情報を悪用されてしまったりすることも考えられます。できるだけ早く、届け出しましょう。

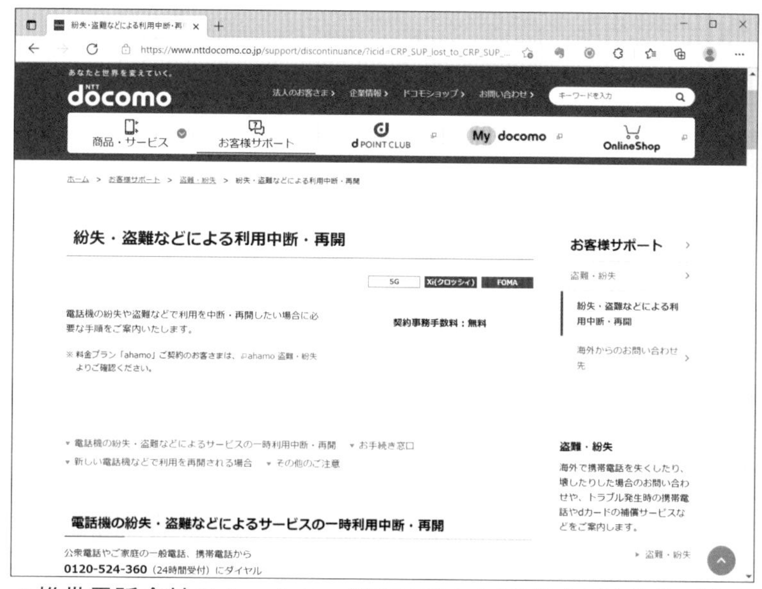

▲携帯電話会社のホームページには紛失や盗難時の連絡先が案内されている

・携帯電話会社に連絡し、回線やサービスを一時停止
・盗難の場合は警察に届ける

・スマホの位置を調べる
・遠隔操作でロックや内容消去をする

スマホが見つかり、個人情報が漏れていたり、故障していなければ、携帯電話会社に連絡して回線やサービスを再開する

用語集

英数字

●5G（ファイブジー）

「5G」は携帯電話などで使われる移動通信規格の通称で、「第5世代移動通信システム」のこと。携帯電話初期の音声通話だけだった時代を「第1世代」（1G）として「5番目の世代」（5th. Generation）にあたる規格。5Gはこれまでの4Gに比べて通信速度が数十倍〜数百倍になるため、4K映画や3D映像など大きな容量のデータもスムーズに見ることができるようになる。

●AirDrop（エアドロップ）

Apple製の機器同士で簡単にファイルや写真を送り合うことができる仕組み。近くにあるiPhoneやiPad、Macの間では、AirDropを使うと機器同士の無線通信を使って写真やビデオ、ファイルなどを送ることができる。

●AirPlay（エアプレイ）

Apple製の機器から、無線通信を使って音楽や映像を再生できる仕組み。AirPlay対応のスピーカーを使ってiPhoneやiPadから音楽を再生したり、テレビ画面に写真やビデオを表示したりすることもできる。iPhoneやiPadのほか、AppleTVでも利用できる。

●Android（アンドロイド）

Googleが開発、提供している主にスマートフォン向けに開発されたシステム（OS）。Google製のスマートフォンだけではなく、多くの機種で使われていて、一般的に「iPhone以外のスマートフォン」のほとんどにはAndroidが搭載されている。携帯電話キャリアなどでは「iPhone以外のスマートフォン」を「スマートフォン」と呼ぶこともある。GoogleマップやGmailなどGoogleが提供しているさまざまな機能やサービスを使いやすいことが特徴。

●Bluetooth（ブルートゥース）

数メートル程度の範囲ですぐ近くにある周辺機器を接続して利用するための無線通信規格の1つ。スマートフォンであればワイヤレスヘッドフォンやイヤホンマイク、スピーカーなどを接続するときなどに使われる。パソコンでもマウスやキーボードの接続に多く利用されていて、1台のスマートフォンやパソコンには複数の機器を接続できる。はじめて接続するときにはお互いの認証（ペアリング）が必要になるので、むやみに他の機器に接続されてしまうことがない。

●CPU（シーピーユー）

さまざまなコンピューター機器の「頭脳」にあたる「中央演算処理装置」のこと。コンピューターが行う処理の中枢を担っていて、人や機器がコンピューターに送った命令を処理して返す役割を持っている。パソコンだけでなく、スマートフォンにもCPUがある。パソコンで使われているIntelの「Core」やAMDの「Ryzen」、Appleの「Apple Silicon」など、スマートフォンであればクアルコムの「Snapdragon」、Appleの「Aプロセッサ」など、さまざまな企業が開発、提供している。

●Felica（フェリカ）

ソニーが開発した非接触型ICカード技術の1つで、10cm程度の距離の間でデータの通信ができる。特に非接触型の決済方法に利用されていて、スマートフォンに内蔵された「おサイフケータイ」もFelicaの技術が使われている。スマートフォンに内蔵されたICチップにはごく小さなアンテナが搭載されていて、機器側と通信し、データを読み込んだり書き込んだりする。特にスマートフォンに搭載されているものを「モバイルFelica」と呼ぶこともある。

●iCloud（アイクラウド）

Appleが提供しているクラウドサービス。個人ごとにインターネット上のデータ保存場所を持ち、写真やビデオなどのファイルを保存したり、スマートフォンのバックアップデータや位置情報データなどを保存したりできる。iCloudは特にiPhoneやiPad、Macといった Apple製の製品を使う場合は、特別な設定や操作をしなくてもお互いのデータを共有できるといった便利さがある。

●IMAP（アイマップ）

電子メールを送受信する方式の1つで、インターネット上のメールサーバーと常に同期しているので、メールチェックのような受信操作が必要なく、またメールが着信したらすぐに通知などで知ることができることが特徴。メールは削除しない限りサーバー上に保存されているので、別の端末からも同じ状態でメールを見ることができる。これに対してメールチェックが必要でメールを端末に取り込む方式は「POP」(ポップ)。

●iOS(アイオーエス)

Appleのスマートフォンで使われているシステム(OS)。Appleのスマートフォンは「iPhone」のみなので、事実上iPhone専用のシステムになる。誰にでも使えるように、イラストなどを多く使って直感的でわかりやすく操作できるように考えられている。以前はiPadにもiOSが使われていたが、現在はiOSに似ているものの「iPadOS」として別のシステムが使われるようになった。また、iOSもiPadOSもApple以外の製品では使われていない。

●Lightning(ライトニング)

iPhoneなどApple製の一部の製品で使われている電源コネクターの企画。小型で裏表を意識せず使える。

●MicroSDカード(マイクロエスディーカード)

デジタルカメラなどで使われているデータ保存用の「SDカード」で、もっとも小さな種類のメモリカード。大きさは11mm×15mmで、厚さ1mm。Androidスマートフォンの中でMicroSDカードを取り付けられるものは、写真やビデオなどをMicroSDカードに保存すれば本体の保存容量を使わなくて済む。

●NFC(エヌエフシー)

近距離無線通信規格のこと。「Near field communication」の頭文字。NFCを搭載した機器同士を近づければ相互にデータ通信ができる。NFCは技術の総称で、Suicaなどで使われているFelica(フェリカ)はICチップを使う近距離通信技術で、NFC Type-FというNFCの中にある1つの規格。Felicaは主に日本でしか使われていないが、NFCは世界共通で利用されている。

●OS(オーエス)

コンピューターが動作するために必要な基本となるプログラムソフトの総称で、「基本ソフト」と呼ぶこともある。「Operating System」の頭文字。WindowsやMacOS、Android、iOSはすべて「OS」で、OSをインストールしたコンピューターに、用途に合わせたアプリケーションソフトウェア(アプリ)を追加することでコンピューターを活用できるようになる。

●pixel(ピクセル)

コンピューターやスマートフォンのディスプレイを構成する最小単位の点のこと。「640×480ピクセル」なら、点が横640個、縦に480個、合計307,200個の点で構成されていることになる。フルHDは「1920×1080ピクセル」、4Kは「3840×2160ピクセル」。ディスプレイでは1つの点が独立して異なる色や階調を切り替えながら表示するので、ピクセル数が多いほど細かくきれいな表示ができ、より大きな面積を一画面で表示できることになる。

●POP(ポップ)

メールを受信する仕組みの1つ。「POPサーバー」と呼ばれるメールサーバーに着信したメールをパソコンやスマートフォンで取り出す。メールが着信してもPOPサーバーから端末に通知されないので、一定時間ごとにメールチェックが必要になる。またメールは基本的に端末側に取り出されるので、メールサーバーには残らない。

●SMTP(エスエムティーピー)

メールを送信する仕組みの1つ。「SMTPサーバー」がメールを送信する役割を持っている。以前はメールを受信するためのPOPサーバーと組み合わせて利用されていたが、不特定多数にメールを大量送信するスパム行為や第三者からのなりすましメールの送信に利用されるといったセキュリティ問題などもあり、現在使われているSMTPサーバーでは、IDやパスワードで認証する、利用できる端末を事前に登録するといった対策が行われている。

●SSID(エスエスアイディー)

無線LAN(Wi-Fi)のアクセスポイントに付けられた識別名。無線LANのネットワークごとにSSIDを決めて、複数の無線LANを区別している。SSIDは管理者が自由に決めることができるので、会社名や建物の名前などを付けてどのような無線LANなのかわかるような名前になっていることもある。SSIDは通常アクセスポイントから発信、公開されているので、パソコンやスマートフォンで無線LANに接続するときには、SSIDを選んで接続する。

●USB(ユーエスビー)

パソコンやスマートフォンに周辺機器を接続するために使う端子の規格。「Universal Serial Bus」(ユニバーサルシリアルバス)の頭文字。同じ形の端子にさまざまな種類の機器を接続できることが最大の特徴で、イヤホンやメモリー装置、プリンターなどに加えて電源の接続端子としても使える。形状によってType-AやmicroUSB、Type-Cなどがあり、スマートフォンでは特に最近、汎用性が高く便利なType-C（USB-C）が多く使われるようになっている。

●Wi-Fi（ワイファイ）

Wi-Fiは本来、無線LAN規格の1つに付けられた名前（商標）だが、現在利用されている無線LANはほぼWi-Fi規格が使われていることから、単にWi-Fiを無線LANと同じ意味で使うことも多い。アメリカ合衆国にある業界団体「Wi-Fi Alliance」（ワイファイ・アライアンス）によって定められた。

あ行

●アイコン

画面上で表示するプログラムやファイルの種類をシンボル化した記号のこと。文字で表示するよりもわかりやすく、イメージを掴みやすい。プログラムやファイルによってそれぞれ異なる独自のアイコンデザインを使い、迷わず操作できるように工夫されている。

●アクセスポイント

一般的には、ユーザーがオンラインサービスに接続するための設備のこと。特に無線LANの接続設備に対して使われることがあり、「アクセスポイント」といえば無線LANのアクセスポイントを示すことも多い。

●アプリケーションソフトウェア

コンピューターを使って目的を実現するためのプログラムのこと。複数の小さなプログラムをパッケージしたものを示すこともある。アプリケーション、アプリケーションソフト、ソフトウェア、ソフトなどと呼ぶこともあり、最近では「アプリ」と呼ぶことが多い。文書作成や表計算、写真編集、動画編集など、目的に合わせたさまざまなアプリがある。

●インカメラ

スマホの前面にある、こちら側を写すカメラ。一般的にスマホには背面と前面に2つのカメラが搭載され、切り替えて使うことができる。インカメラは自分を撮影する「自撮り」に使うと、画面で写っている状態を確認しながら撮影ができる。

●ウィジェット

画面上に置かれたさまざまなツールのこと。本来はボタンやアイコンも「ウィジェット」の一種だが、スマホでは一般的に画面上に情報を表示する部品のことを示す。時計や天気、ニュース、メールといった常に更新される情報をウィジェットとして画面に表示しておくと、アプリを起動しなくても情報を見ることができるようになる。

●おサイフケータイ

携帯電話やスマホに組み込まれたICチップによって決済を行う仕組み。「おサイフケータイ」という言葉はドコモの商標だが、他のキャリアのスマホでも使われている。Suicaなどの交通系ICカードのほかに、楽天Edyのようなプリペイドチャージ型の電子マネー、iDやQuickPayのようなクレジット決済型の電子マネーなどがある。

か行

●ギガ

「十億倍」の量を示す接頭語。スマホで使うインターネットの通信量を示すときに「1ギガ」といった単位のように使うため、「ギガ」を単に通信量の意味で使うこともある。本来の通信量の単位は「バイト」で、「1ギガ」は「1ギガバイト」つまり「10億バイト」のこと。コンピューターが扱うデータの最小単位「1ビット」に対して「1バイト＝8ビット」。

●機内モード

スマホの電源を切らずに、電波を発信する状態を停止した状態。スマホの飛行機のアイコンをタップして切り替える。飛行機内では航空法により電波を発信する機器の使用が禁止されているので、「機内モード」に切り替える必要がある。スマホは通話や通信をしていないときでも、メールの着信をチェックしたり位置情報を送受信するなど、つねに電波を発信している。

●クラウド

インターネットなどのネットワークを通じて使用するサービス「クラウドコンピューティング」のこと。インターネット上にサービスを集約することで、プログラムやデータをどのコンピューターやスマホでも最新の状態で使うことができるようになる。「Cloud」は「雲」を意味していて、利用者から見ると空に浮いた雲の中にさまざまなサービスがあるようなイメージからクラウドと呼ばれるようになったとされている。

●公衆無線LANサービス
不特定なユーザーに無線LANでインターネット接続を提供するサービスのこと。街中や飲食店、宿泊施設、交通機関などに設置して、原則として誰でも利用することができる。ただしセキュリティの面で、会員制や登録制になっているものもある。

●コンテンツ課金
インターネット上のアプリやゲーム、音楽などのコンテンツに対して課金する仕組みのこと。ユーザーはコンテンツを利用するたびに料金を支払う。必要なコンテンツを選択して購入できるメリットがある。アプリに機能を追加するコンテンツや、ゲームを有利に進めるためのアイテムなどにコンテンツ課金が利用されている。

さ・た行

●サブスクリプション
定額の料金を支払って利用するサービスやコンテンツのこと。定められた料金を支払うと、一定期間は原則追加料金を支払うことなく利用することができる。従来の「買い切り」に比べて、つねに新しいサービスやコンテンツを利用できるメリットがある。アプリをはじめ音楽、映像などのサービスに広く普及し、「サブスク」とも呼ばれる。

●従量（課金）制
サービスを利用した分だけ料金を支払う仕組み。インターネット接続では利用した時間やデータ量に応じた料金を支払う。料金設定は細かい単位で定められている場合（1GB○円など）と、ある程度の幅を持って一定区間ごとに定められている場合（3～5GB○円など）もある。また、一定の量までは定額で、それを超えると従量制となる料金体系もある。身近なところでは電気料金やガス料金（基本使用料＋従量料金）、タクシー料金（距離および時間の併用）も従量制といえる。

●ストレージ
正しくは「補助記憶装置」のことで、コンピューターに接続された記憶装置を示す。一般的には長期間データを保存できる装置全般のこと。ハードディスクやメモリカードのような外付けの記憶装置に加えて、コンピューターやスマホに内蔵されたデータの保存領域もストレージと呼ぶ。さらにインターネット上で利用できるストレージもある。「補助」というのはコンピューターがシステム内部に一時的に記憶しておく装置を持つため。

●定額制
一定の金額を払うことで、提供されているサービスの範囲内で制限なく利用できる料金体系。スマホでは「使い放題」など利用に上限のないプランが定額制に分類される。定額料金を支払うと一定期間サービスやコンテンツを利用できる「サブスクリプション」も定額制の一種。

●ダークモード
コンピューターやスマホで画面を暗色系で統一した状態のこと。夜間や暗い部屋では明色系の画面は明るすぎるため、暗色系にすると見やすくなる。画面のメニューや背景が黒や濃紺のような暗い色で表示され、文字は白や灰色などで表示される。システム全体でダークモードに切り替える方法と、アプリごとにダークモードに切り替える方法がある。

●テザリング
スマートフォンなどの携帯電話回線にWi-Fi経由で別の機器を接続する機能のこと。携帯電話回線につながっている端末が1つあれば、ほかの端末でもインターネットに接続することができるようになる。「インターネット共有」と呼ばれることもある。

は行

●バーコード決済
バーコードを使って決済をする仕組み。QRコードなどのバーコードをスマホのカメラで読み取って支払金額を入力して送信するタイプと、スマホにバーコードを表示して店舗側のレジで決済するタイプがある。代表的なバーコード決済には「PayPay」や「d払い」などがある。ICカードに比べて手軽に導入できることから普及が拡大している。

●バージョン
アプリや機器の改良に応じて製品に付ける番号。「Ver.1.0」などと記す。文書やデータに付けることもある。一般に小さな内容変更は小数点以下の数字を変え、大きな改良があったときには整数値を変更することが多い。またごく小さな改良では末尾に「Ver1.1a」「Ver1.1b」のようにアルファベットを付けることもある。バージョンの記述に関する規則はないが、いずれの場合も値が大きいほど新しいことを示し、新しくなることや、新しいバージョンに更新することを「バージョンアップ」という。

●ハードウェア
コンピューターやスマホの本体、周辺機器などの装置全般を指す言葉。もともとは「金物」(←硬い物)を意味する言葉であるが、コンピューター関連ではコンピュータシステムを構成するあらゆる装置や部品をいう。「ソフトウェア」はハードウェアに組み込まれるプログラムのように形のないデータ上で存在するものを示す。

●パケット通信
データを一定量で分割し、ブロック状にして送る通信方式。パケットは「塊」に由来する。データを分割してブロックにしたものをパケットと呼び、パケットにはデータ本体に送り先の情報や並び順、エラーチェックコードなどを追加して送信される。受信側はパケットに追加された情報を使ってブロックに分割されたデータを元の状態につなげて戻す。1つの回線を占有せずに通信回線を効率よく利用できることが特徴で、インターネットはパケット通信方式で利用されている。反対に一般的な電話のように回線を一時的に独占する通信方式は「回線交換」という。

●ブラウザー
パソコンやスマホでインターネットのWebページを閲覧するためのアプリ。「ウェブブラウザー」、「インターネットブラウザー」とも呼ばれる。Webページのレイアウトや色、デザインなどをイメージ通りに再現したり、リンクをたどって別のWebページに移動したりする機能がある。代表的なブラウザーには、Appleの「Safari」、Googleの「Chrome」などがある。

●プリインストール
パソコンやスマホの出荷時に、OSやアプリがあらかじめインストールしてあること。市販されているほとんどのパソコンやスマホはOSに加えて、よく使うアプリはあらかじめインストールしてあり、購入してすぐに使うことができる。「プレインストール」ということもある。

ま行

●マナーモード
スマホを含む携帯電話で、着信音や通知音を一時的に消せる機能。着信や通知があると、音が鳴る代わりにバイブレーションが動作し本体が震えることで気づくようになっている。日本では公共の場所で着信音や通知音を鳴らさないことがマナーとされてきたことに由来する。海外では「サイレントモード」(Silent mode＝静かなモード)と呼ばれることが多い。

●無線LAN
広くは電磁波や赤外線などの、有線ケーブル以外の伝送路を利用したLANの総称。ワイヤレスLANともいう。普及しているGHz帯の電磁波を用いたものを示すことも多い。電磁波の使用は各国で法制度が異なるため、利用できる周波数などに違いがある。日本では免許が不要な2.4GHz帯を用いるものに加えて、屋内での利用に限られる5GHz帯の無線LANが普及している。無線LANの規格の1つに「Wi-Fi」(ワイファイ)があり、無線LANとほぼ同じ意味で使われている。

手順項目索引

本書で解説している手順項目一覧を用意しました。目次には掲載していないコラムエリアの解説も網羅しています。

英数字

あ行

か行

さ行

た行

な行

は行

ま行

や・ら行

索引

英数字

あ行

か行

さ行

た行

な行

は行

ま行

ら・わ行

■著者

髙橋 慈子（たかはし しげこ）

株式会社ハーティネス 代表取締役。技術雑誌の編集を経て、フリーランスのテクニカルライターとして情報機器の取扱説明書の執筆を手がける。1988年株式会社ハーティネス設立。企業のライティング研修、コンサルティングも提供。立教大学、慶應義塾大学、大妻女子大学非常勤講師。
近著に「はじめての今さら聞けないLINE入門【第2版】」（共著・秀和システム）、「技術者のためのテクニカルライティング入門講座」（翔泳社）など
https://www.heartiness.co.jp/

八木 重和（やぎ しげかず）

テクニカルライター。学生時代からパソコンや当時まだ黎明期のインターネットに触れる機会を持ち、一度サラリーマンになるもおよそ2年で独立。以降、メールやWeb、セキュリティ、モバイル関連など幅広い執筆活動を行う。同時にカメラマン活動やドローン空撮、メディア制作等にも本格的に取り組む。

■イラスト（※セクション22を除く）

斉藤よしのぶ

高橋 康明

はじめての今さら聞けない
スマートフォン入門［第3版］

発行日 2021年 11月 22日 第1版第1刷

著 者 髙橋 慈子／八木 重和

発行者 斉藤 和邦

発行所 株式会社 秀和システム
〒135-0016
東京都江東区東陽2-4-2 新宮ビル2F
Tel 03-6264-3105（販売） Fax 03-6264-3094

印刷所 図書印刷株式会社 Printed in Japan

ISBN978-4-7980-6590-8 C3055

定価はカバーに表示してあります。
乱丁本・落丁本はお取りかえいたします。
本書に関するご質問については、ご質問の内容と住所、氏名、電話番号を明記のうえ、当社編集部宛FAXまたは書面にてお送りください。お電話によるご質問は受け付けておりませんのであらかじめご了承ください。

パソコン書籍のパイオニア

はじめての...シリーズのご案内

はじめてのWord 2019

吉岡　豊

定価**1408**円（本体**1280円**+税**10%**）

Wordはバージョンを重ねるごとに改良され、最新のWord 2019に至って機能はほとんど完成したといっていいレベルに達しています。そんなWord 2019ですがOneDriveとの親和性やファイル共有機能など主に環境面が強化されています。本書は、Word 2019をはじめて使う初心者でも楽々読める入門書の決定版です。細かな手順も無料動画で解説！　便利なショートカットキー一覧や、切り離して使える「はじめてのOneDrive」など5大特典付きです！

サンプルダウンロードサービス付

無料電子書籍ダウンロード特典付

無料解説動画ダウンロード特典付

はじめてのExcel 2019

村松　茂

定価**1408**円（本体**1280円**+税**10%**）

Excelはバージョンを重ねるごとに改良され、最新のExcel 2019では従来機能がさらに使いやすくなりました。また、地理データ／株価データの自動取得や、マップグラフの作成などの新しい機能も搭載されています。本書は、Excel 2019をはじめて使う初心者でも楽々読める入門書の決定版です。細かな手順も無料動画で解説！　便利なショートカットキー一覧や、切り離して使える「はじめてのOneDrive」など5大特典付きです！

サンプルダウンロードサービス付

無料電子書籍ダウンロード特典付

無料解説動画ダウンロード特典付

はじめての PowerPoint 2019

羽石　相

定価**1408**円（本体**1280**円+税**10%**）

PowerPointはバージョンを重ねるごとに改良され、最新のPowerPoint 2019では3D表示に対応するなど、さらに使いやすくなりました。また、従来の機能もさらに使いやすく改良されています。本書は、PowerPoint 2019をはじめて使う人でも簡単に読めて理解できる入門書の決定版です。複雑な手順は無料動画で解説！　便利なショートカットキー一覧や、切り離して使える「はじめてのOneDrive」など5大特典付きです！

サンプルダウンロードサービス付

無料電子書籍ダウンロード特典付

無料解説動画ダウンロード特典付

はじめての Windows 10［第2版］

戸内順一著

定価**1100**円（本体**1000**円+税**10%**）

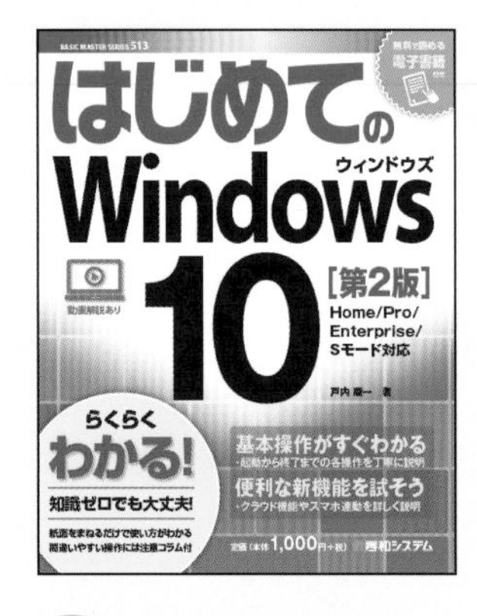

本書は初心者でも迷うことなく最新版Windows 10の操作手順が覚えられる図解入門書の決定版です。読み方も簡単で紙面の手順に沿って操作を真似するだけで基本的な操作が覚えられます。さらにコラムのテクニックをマスターすれば、すぐにWindows 10の最新機能まで使えるようになります。最新のWindows 10では、スマホとの連動、絵文字、クラウド連携、クリップボードなど、便利な機能が増えています。

無料電子書籍ダウンロード特典付

無料解説動画ダウンロード特典付